普通高等教育机电类系列教材

机械制图导学与实践

主编 乌日娜 骞绍华
参编 刘 海 裴承慧

机械工业出版社

本书严格遵循教育部高等学校工程图学课程教学指导分委员会 2019 年修订的《高等学校工程图学课程教学基本要求》，结合教学改革需求与教学经验编写。本书采用"内容导学+实践练习"模式，每章以思维导图梳理知识框架，通过精要文本与直观图示降低理解门槛，构建从理论到应用的完整学习闭环。在"实践练习"部分，全书除第 9 章外，每页均设置"注意事项"标签，精准标注核心知识点、作图难点及易错点，有助于提高学习效率。本书共 9 章，内容包括机械制图基本知识、投影基础、立体的投影、组合体、轴测图、机件的表达方法、标准件与常用件、零件图和装配图。

本书为新形态教材，以二维码的形式链接讲解视频，便于学生理解图形和完成练习。本书提供实践练习答案及三维模型电子资源，欢迎选用本书的教师登录机械工业出版社教育服务网（www.cmpedu.com）免费下载。

本书可供本科院校、高职高专院校相关专业学生在学习"机械制图"相关课程时使用，也可作为相关专业教师备课、教学的参考教材。

图书在版编目（CIP）数据

机械制图导学与实践 / 乌日娜，骞绍华主编.
北京：机械工业出版社，2025. 5. -- （普通高等教育机电类系列教材）. -- ISBN 978-7-111-78786-0

Ⅰ. TH126

中国国家版本馆 CIP 数据核字第 2025D8374C 号

机械工业出版社（北京市百万庄大街 22 号　邮政编码 100037）
策划编辑：徐鲁融　　　　　　责任编辑：徐鲁融
责任校对：宋　安　李　婷　　封面设计：王　旭
责任印制：常天培
北京联兴盛业印刷股份有限公司印刷
2025 年 8 月第 1 版第 1 次印刷
370mm×260mm・10 印张・268 千字
标准书号：ISBN 978-7-111-78786-0
定价：32.00 元

电话服务	网络服务		
客服电话：010-88361066	机　工　官　网：www.cmpbook.com
010-88379833	机　工　官　博：weibo.com/cmp1952
010-68326294	金　　书　　网：www.golden-book.com
封底无防伪标均为盗版	机工教育服务网：www.cmpedu.com

前　言

本书严格遵循教育部高等学校工程图学课程教学指导分委员会 2019 年修订的《高等学校工程图学课程教学基本要求》，结合高等教育改革需求与多年教学经验编写而成。本书具有如下特点。

1) 本书教学内容分为"内容导学"和"实践练习"两大部分，通过"内容导学+实践练习"的编排模式，构建了一个从理论认知到实践应用的完整学习闭环。每章开篇通过思维导图梳理知识框架，配以精炼的文本提炼每章的核心概念，将抽象的理论转化为直观的视觉表达，降低理解难度，帮助学生快速构建知识框架。

2) 本书在助学设计方面，除第 9 章外，全书的"实践练习"部分每页均设置"注意事项"标签，将本页题目涉及的核心知识点、作图难点及易错点以醒目的标签形式呈现，实现重点内容的快速聚焦，有效提升学生的专注度。

3) 本书可以与市面上的大部分机械制图教材相匹配，系统地涵盖投影原理、三视图表达、标准件及常用件、零件图、装配图等"机械制图"课程核心内容，题目选取与内容编排符合学生认知规律，题目有难易梯度，并严格遵循现行《机械制图》和《技术制图》国家标准，注重培养学生的图解能力、空间分析能力及创新设计能力。

4) 本书为新形态教材，以二维码的形式链接讲解视频，便于学生理解图形和完成练习。本书提供实践练习答案及三维模型电子资源，欢迎选用本书的教师登录机械工业出版社教育服务网（www.cmpedu.com）免费下载。

本书由乌日娜、骞绍华任主编，刘海、裴承慧参与编写，乌日娜、骞绍华共同负责统稿定稿。在本书的编写过程中，编者参考了一些同类习题集，在此向相关作者表示由衷的感谢。

由于编写水平有限，本书错误之处在所难免，恳请广大读者批评指正。

编　者

目　录

前　言

第 1 章　机械制图基本知识 …………………………… 1
1.1　内容导学 …………………………………………… 1
1.2　实践练习 …………………………………………… 2

第 2 章　投影基础 …………………………………………… 7
2.1　内容导学 …………………………………………… 7
2.2　实践练习 …………………………………………… 8

第 3 章　立体的投影 ……………………………………… 13
3.1　内容导学 …………………………………………… 13
3.2　实践练习 …………………………………………… 14

第 4 章　组合体 …………………………………………… 23
4.1　内容导学 …………………………………………… 23
4.2　实践练习 …………………………………………… 24

第 5 章　轴测图 …………………………………………… 33
5.1　内容导学 …………………………………………… 33
5.2　实践练习 …………………………………………… 34

第 6 章　机件的表达方法 ………………………………… 37
6.1　内容导学 …………………………………………… 37
6.2　实践练习 …………………………………………… 38

第 7 章　标准件与常用件 ………………………………… 49
7.1　内容导学 …………………………………………… 49
7.2　实践练习 …………………………………………… 50

第 8 章　零件图 …………………………………………… 57
8.1　内容导学 …………………………………………… 57
8.2　实践练习 …………………………………………… 58

第 9 章　装配图 …………………………………………… 65
9.1　内容导学 …………………………………………… 65
9.2　实践练习 …………………………………………… 66

参考文献 ……………………………………………………… 76

第1章 机械制图基本知识

1.1 内容导学

一、知识框架

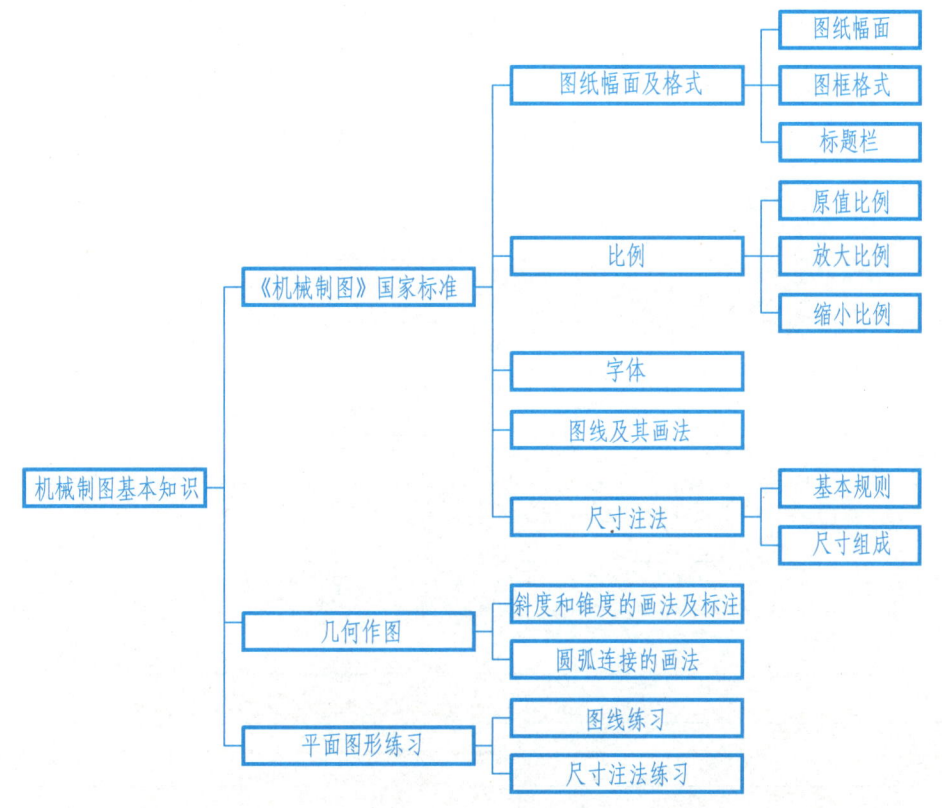

二、知识要点

1. 图纸幅面及格式
1）图纸幅面：由图纸的宽度（B）和长度（L）组成。
2）图框格式：在图纸上用粗实线画出的图框，图样应绘制在图框内部。其格式分为留有装订边和不留装订边两种。
3）标题栏：标题栏应位于图纸的右下角。

2. 比例
概念：图形与实物相应要素的线性尺寸之比。
分类：原值比例、放大比例、缩小比例。

3. 字体
图样中的字体书写必须做到：字体工整、笔画清楚、间隔均匀、排列整齐。

1）汉字应写成长仿宋体，并采用国家正式公布的简化字。
2）数字和字母分为 A 型和 B 型，均可写成直体或斜体；斜体字的字头向右倾斜，与水平线成 75°角。

4. 图线及其画法
《机械制图》国家标准规定的图线种类有 9 种，包括粗实线、细实线、波浪线、双折线、细虚线、粗虚线、细点画线、粗点画线和细双点画线。

5. 尺寸注法
1）基本规则：①图样中的尺寸一般以毫米（mm）为单位。当以毫米（mm）为单位时，不需标注计量单位的名称或符号；如采用其他单位，则必须注明相应的计量单位名称和符号；②图样上所标注的尺寸数值为机件的真实大小，与图形的大小、绘图的比例和准确度无关；③机件的每一个尺寸，在图样中一般只标注一次；④图样中所注的尺寸应为机件的最后完工尺寸，否则需另加说明。
2）尺寸组成：尺寸界线、尺寸线、尺寸数字（包括必要的字母和图形符号）和表示尺寸线终端的箭头或斜线。

6. 斜度和锥度的画法及标注
1）斜度：一直线或平面相对另一直线或平面的倾斜程度，斜度用倾斜角的正切值表示，$\tan\alpha = H/L = (H-h)/l$，并将其比值化为 $1:n$ 的形式标注。
2）锥度：正圆锥底圆直径与其高度之比或正圆锥台两底圆直径之差与其高度之比，锥度 $= D/L = (D-d)/l = 2\tan\alpha$，通常用 $1:n$ 的形式标注。

7. 圆弧连接的画法
圆弧连接作图，需准确求出连接弧的圆心及连接点（切点）的位置，这是用已知半径的连接弧光滑连接直线或圆弧的要点。当两圆弧外切时，同心圆的半径 $R_2=R+R_1$；内切时，同心圆的半径 $R_2=R-R_1$，连接点（切点 T）是连心线与已知圆弧的交点。

8. 平面图形练习
1）图线练习：熟悉不同图线的用途、线宽及绘制技巧，确保线条清晰、比例准确。
2）尺寸注法练习：掌握尺寸标注的完整性、规范性及布局合理性。

班级：　　　　　姓名：　　　　　学号：

1.2 实践练习

注意事项：
1) 用 2H 或 HB 铅笔抄写，笔画不能过粗，文字清晰且协调。
2) 练习过程不可一蹴而就，要一笔一画，用心体会汉字结构之美和创意之美。
3) 建议制订练习计划，以便在实际工程图样中熟练应用。

1-1 按照下列字例书写长仿宋体字。

大学院系专业班级学号姓名机械制图比例审核

材料设计结构面工程铸造锻压缩松安全柱塞泵

成型尺寸金属砂眼气孔缺陷均布锥球技术要求

技术要求零件名称未注圆角数量设计制图审核比例校名共张编号

其余双头螺柱垫片圆弧连接阀体端盖序号弹簧热处理装配展开轴

备注国家标准表达方法练习草图零件粗糙度齿轮阶梯旋转斜视断

1-2 按照下列字例书写字母和数字。

1234567890 1234567890 ⌀26±0.013 R3 SØ

ABCDEFGHIJKLMNOPQRSTUVWXYZ

abcdefghijklmnopqrstuvwxyz

班级： 姓名： 学号：

1.2 实践练习

注意事项：

1) 点画线和细双点画线的首末端应是"画"而不是"点"，点画线应超出轮廓 2~5mm。

2) 徒手绘制线条要连贯，切忌来回重复表现一根线；下笔要坚定，切忌收笔有回线条；出现断线时，切忌在原来的点上继续画，应空开一小段距离再接着画。

3) 粗线应为 0.7mm 左右，圆规的铅芯应比画直线的铅笔软一号；细虚线每一小段长度约为 3~4mm，间隙约为 1mm；细点画线每段长度约为 12~20mm，间隙及短画的长度共约为 3mm。

1-3 在指定位置，仿照图例的不同线宽和线型，利用绘图工具进行图线绘制练习。

1-4 在指定位置处，参照给出的图线，徒手绘制不同线型和角度的直线，以及不同线型和大小的圆。

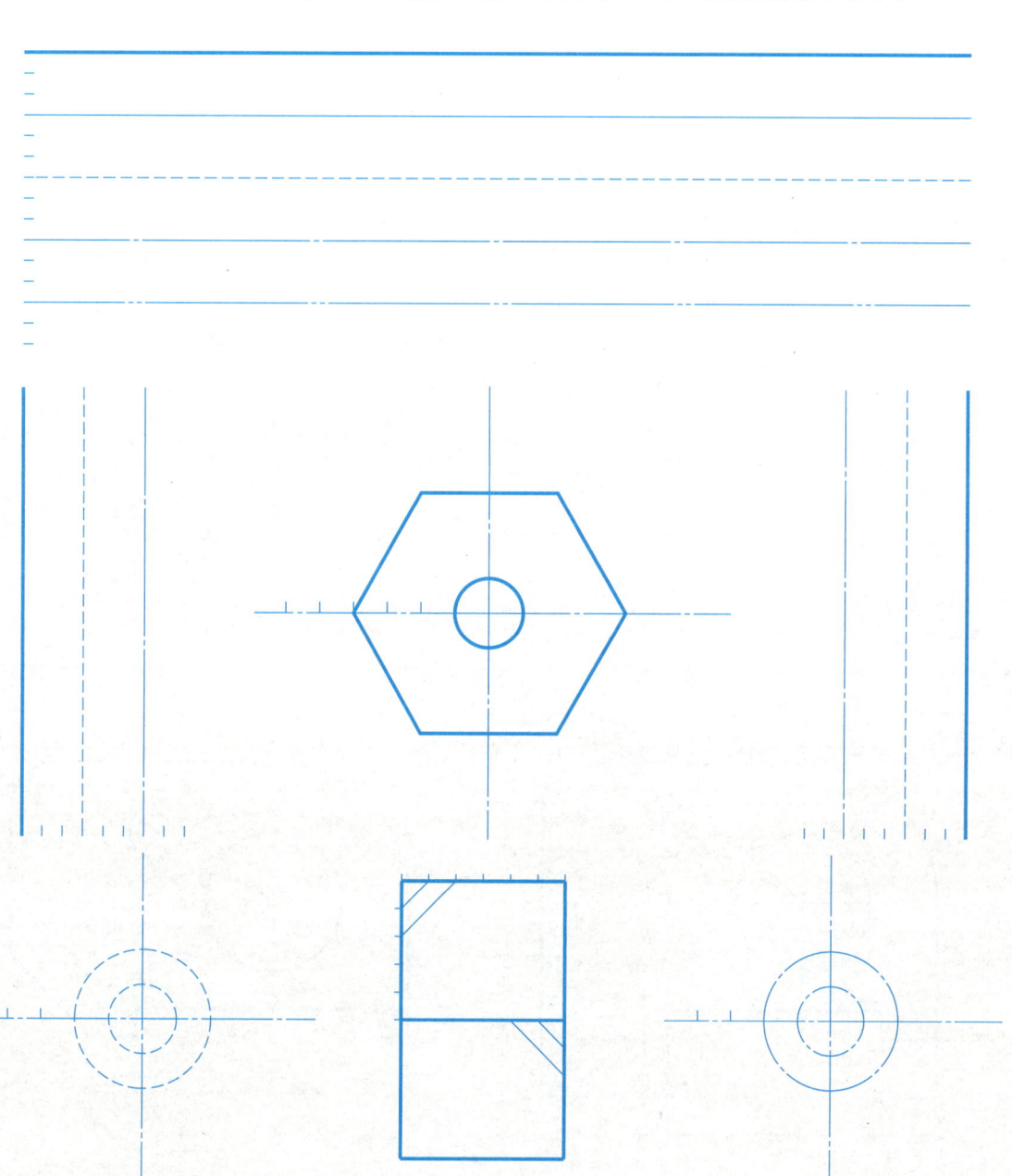

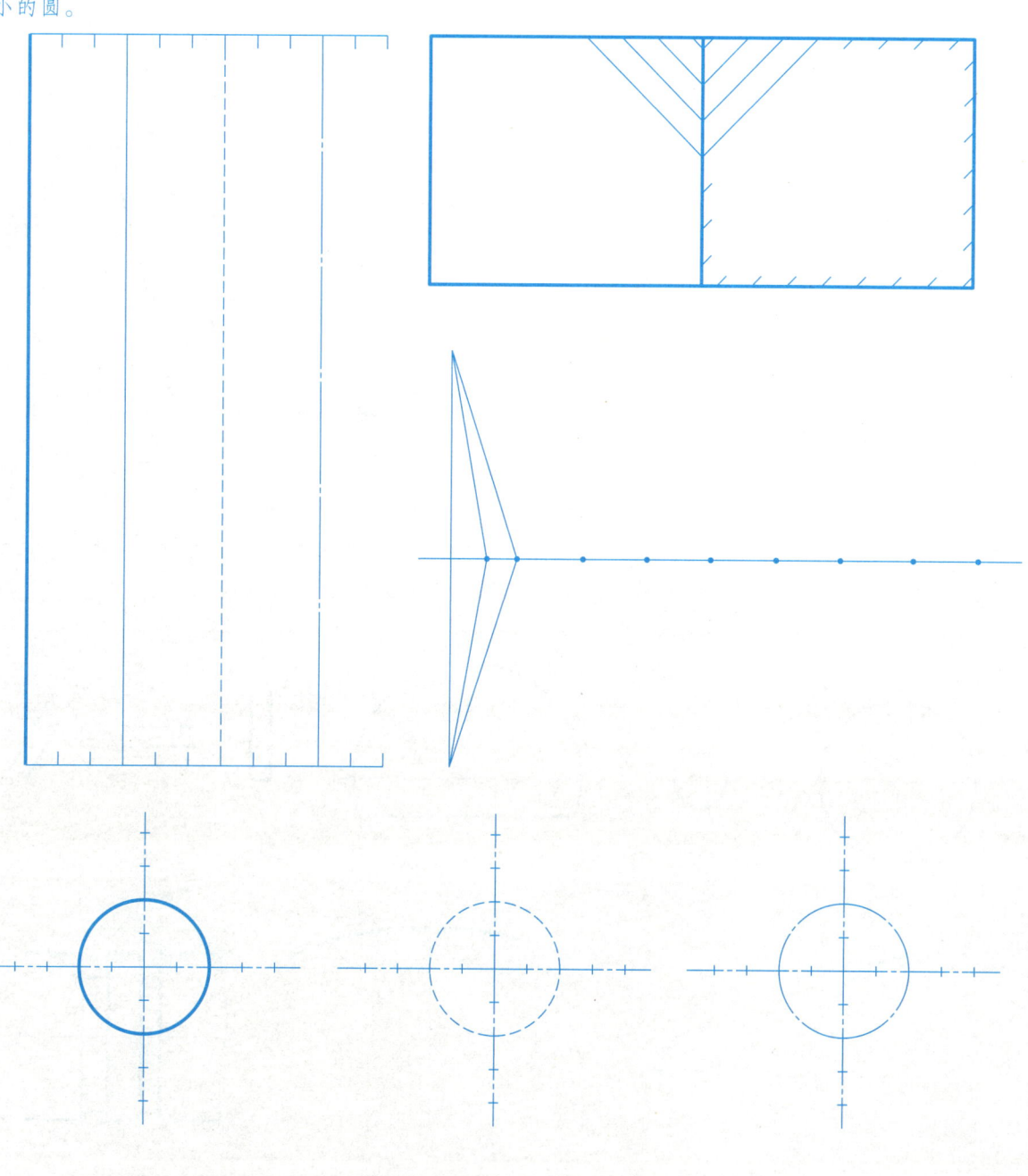

班级：　　　　姓名：　　　　学号：

1.2 实践练习

注意事项：
1) 尺寸箭头的尾部宽为粗实线粗度，长度约为4mm；当空间不够时，允许用点或斜线代替箭头。
2) 尺寸数字应按国家标准样式书写，不可潦草；尺寸数字不能被任何图线穿过，不可避免时应将图线断开。
3) 整圆、超过半圆的圆弧在尺寸数字前加注"ϕ"，小于半圆的圆弧在尺寸数字前加注"R"。

1-5　在给定的尺寸线上画出箭头，填写尺寸数字或角度数字。尺寸数值从图中按1:1的比例量取并取整数。

(1)　　　　　　　　　　(2)　　　　　　　　　(3)　　　　　　　　　(4)

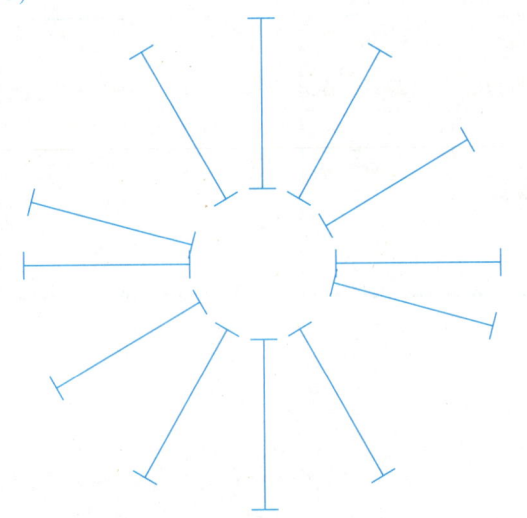
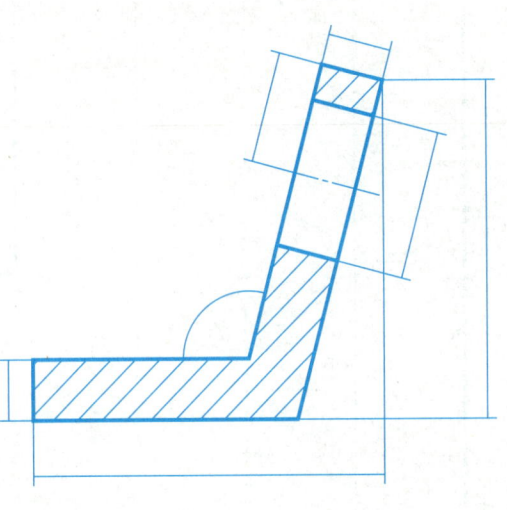
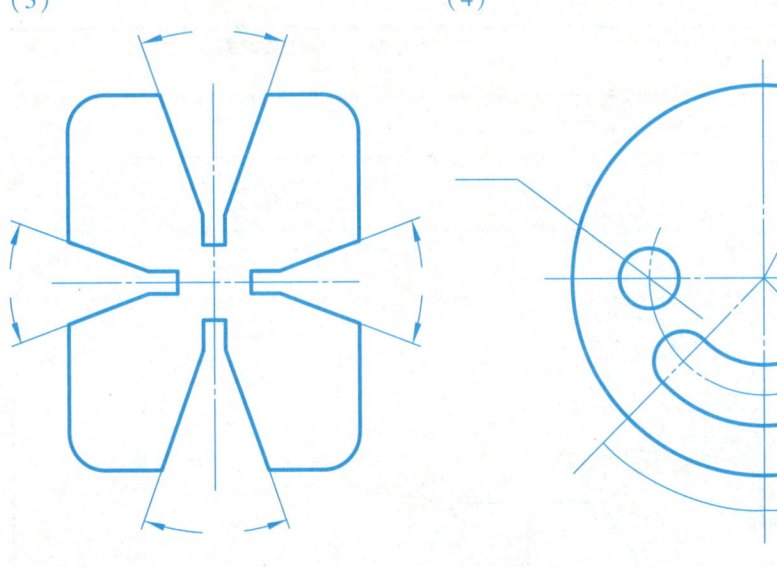

1-6　注写各圆、圆弧和小间距的尺寸。

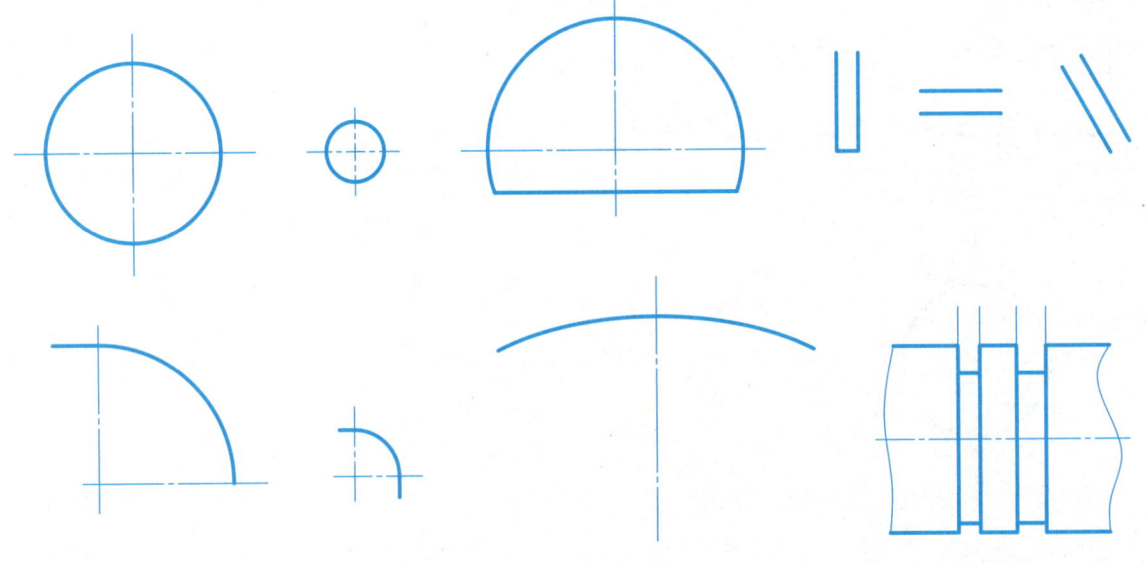

1-7　发现左图中尺寸注法的错误，用铅笔做标记，将修正后的完整尺寸标注在右图上。

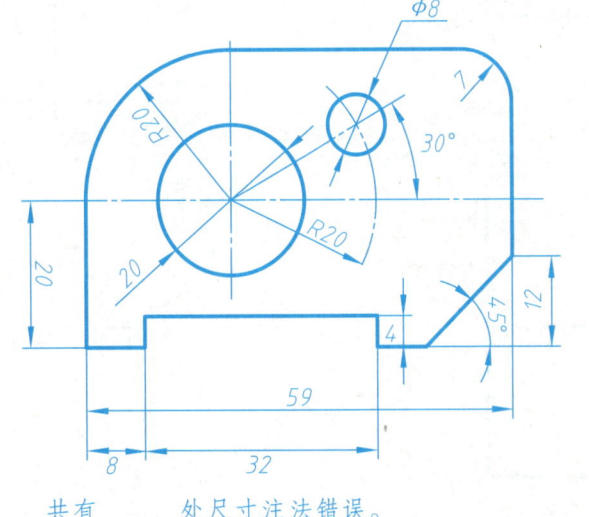
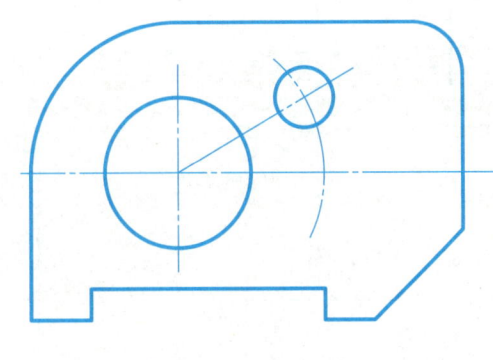

共有_____处尺寸注法错误。

1.2 实践练习

注意事项：

1) 尺寸线和尺寸界线是细实线，需用 2H 或 HB 铅笔削成锥形且保持图线宽度不超粗线的 1/2（作业不超过 0.25mm）。

2) 尺寸线必须用细实线单独绘制，不得用其他图线代替或重合在其他图线上，不能画在其他图线的延长线上，尽量避免图线交叉。

3) 尺寸箭头的尾部为粗实线粗度，长度约为 4mm；当空间不够时，允许用点或斜线代替箭头。

4) 尺寸数字应按国家标准样式认真书写，线性尺寸数字书写方向与尺寸线平行，一般注写在尺寸线上方，但竖直尺寸在尺寸线左侧且字头向左。

5) 尺寸数字不能被任何图线穿过，不能避免时应将图线断开。

6) 整圆、超过半圆的圆弧在尺寸数字前加注"ϕ"，小于半圆的圆弧在尺寸数字前加注"R"。

7) 当图形两侧的圆弧是连接弧时，需要标注总体尺寸；当一端或两端为圆弧（标注需要找切线时）时，不标注总体尺寸。

1-8 标注下列平面图形的尺寸（尺寸数值从图中按 1∶1 的比例量取并取整数）。

(1)
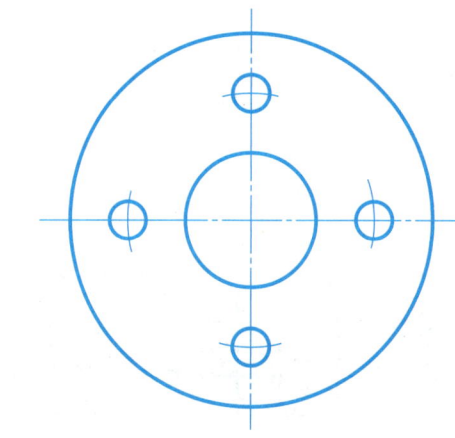

(2)
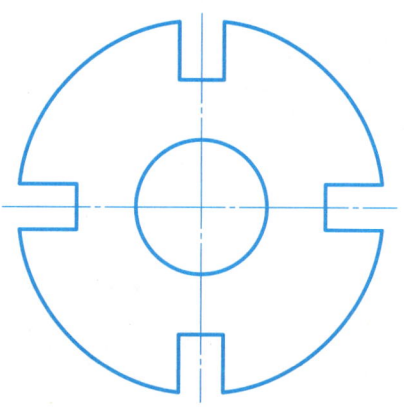

(3)
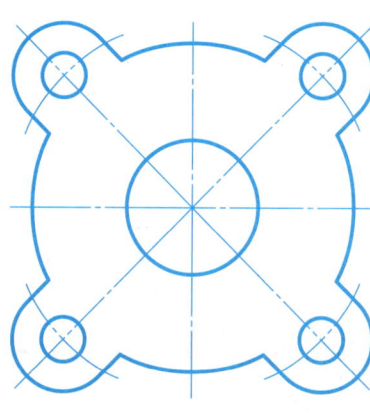

(4)
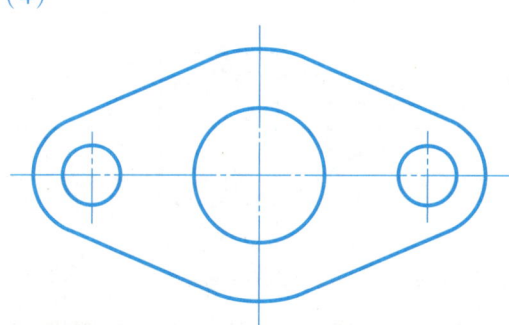

(5)
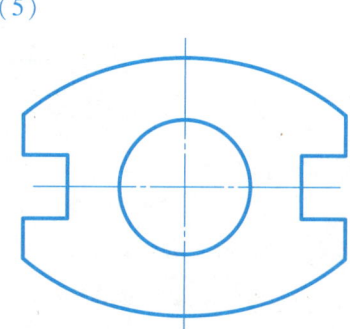

(6)
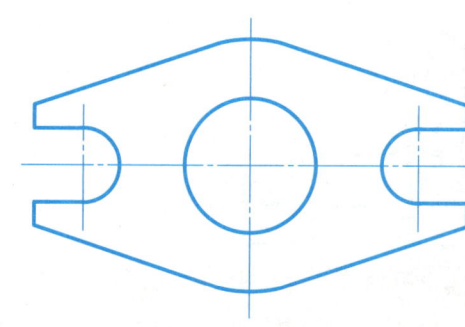

(7)
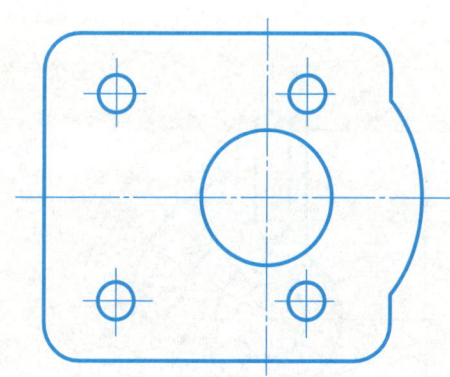

(8)
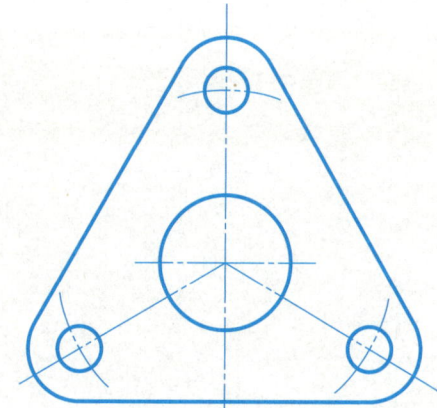

(9)
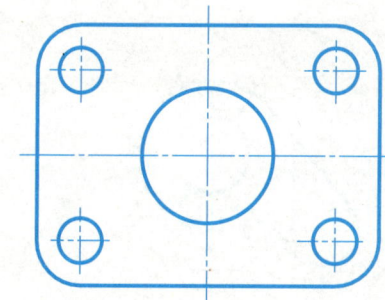

班级：　　　　　　姓名：　　　　　　学号：

1.2 实践练习

注意事项：
1) 斜度和锥度的绘制需要通过辅助线完成，辅助线是细实线，绘制完成后可擦去。
2) 抄画尺寸时需用心体会尺寸标注国家标准相关规定的设计意图，如果你是未来国家标准制定者，是否有优化空间？
3) 尺寸箭头的尾部宽约为 0.7mm，箭头长度约为 4mm。

1-9　根据作图示例和给定图形尺寸，按 1∶1 的比例完成抄画，注意斜度绘制并标注完整尺寸。

作图示例(两种方法)：

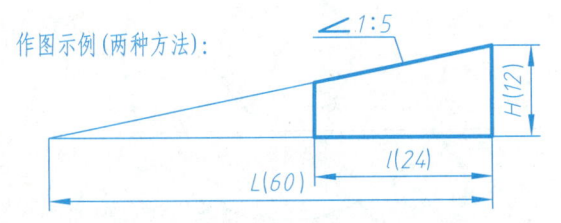
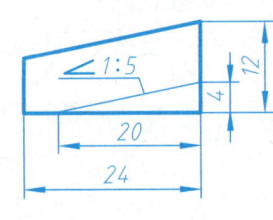
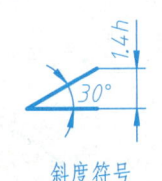
斜度符号

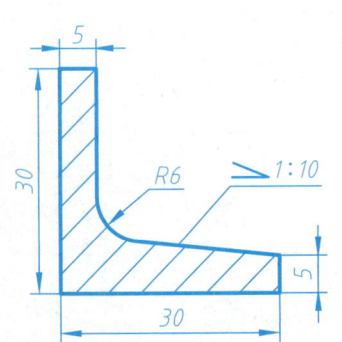

1-10　根据给定图形尺寸，按 1∶1 的比例完成抄画，注意锥度绘制并标注完整尺寸。

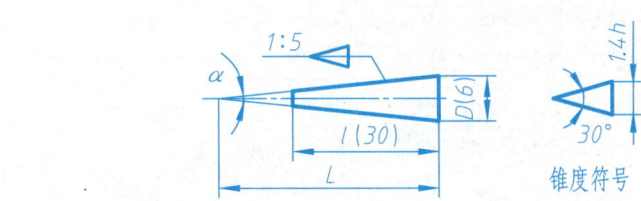
锥度符号

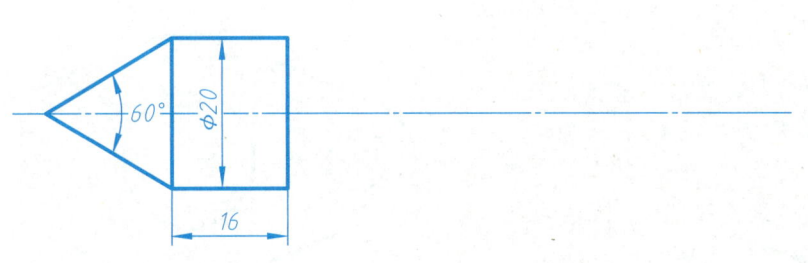

1-11　根据给定图形尺寸，按 1∶1 的比例完成抄画，并标注完整尺寸。

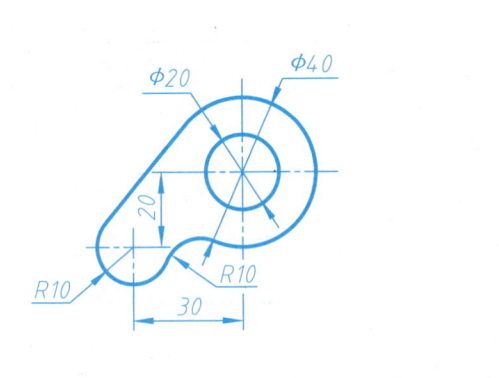
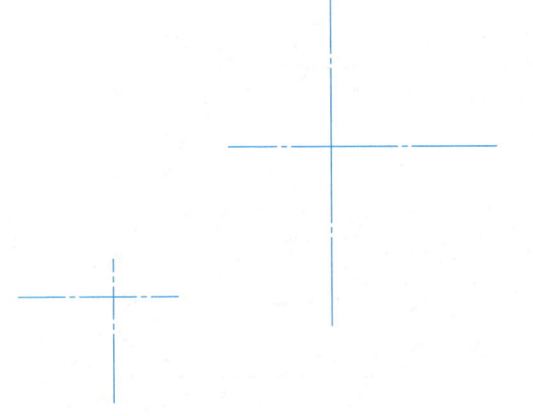

1-12　根据给定图形尺寸，按 1∶1 的比例完成抄画，并标注完整尺寸。

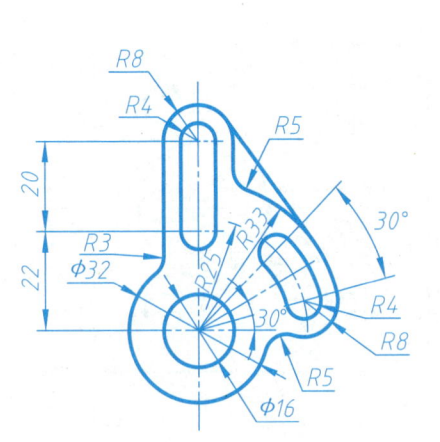
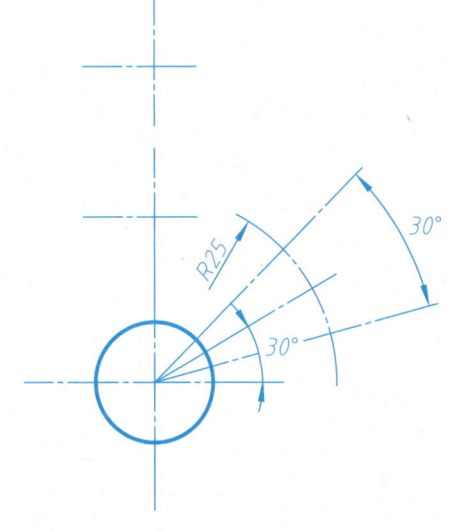

· 6 ·

第 2 章 投影基础

2.1 内容导学

一、知识框架

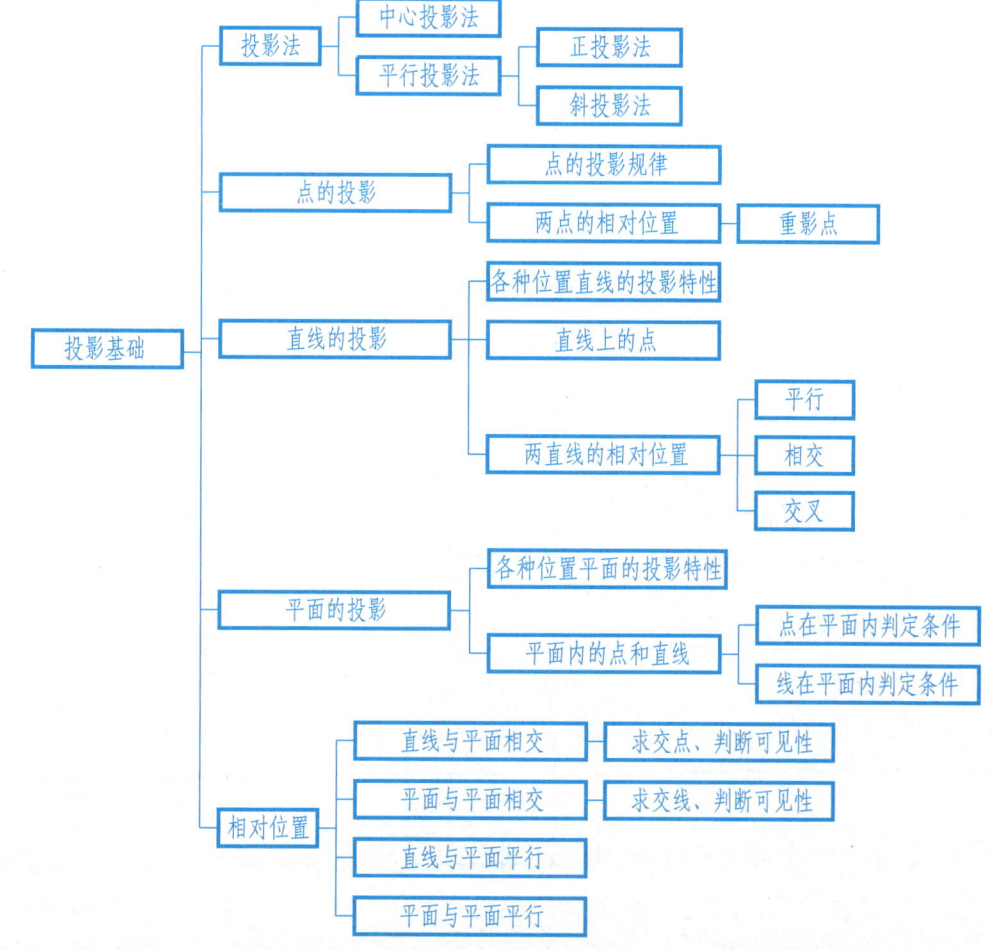

二、知识要点

1. 投影法

定义：投射线通过物体，向选定的面投射，并在该面上得到图形的方法。

分类：中心投影法和平行投影法。按投射方向与投影面是否垂直，平行投影法又分为正投影法和斜投影法两种。

2. 点的投影规律

$a'a \perp OX$，$a'a'' \perp OZ$；$aa_X = a''a_Z$。

3. 两点的相对位置

定义：两点的相对位置是指空间两点的上下、前后、左右位置关系，这种位置关系可以通过两点同面投影的相对位置或坐标的大小来判断，即 X 坐标大的在左，Y 坐标大的在前，Z 坐标大的在上。

重影点：两点处于同一投射线上时，在该投射线垂直的投影面上的投影重合，X 轴方向上左侧点可见，Y 轴方向上前侧点可见，Z 轴方向上上侧点可见。

4. 各种位置直线的投影特性

1）投影面平行线：在所平行的投影面上的投影反映直线实长及与另两个投影平面的倾角，另两个投影面上的投影长度小于实长并平行相应的投影轴。

2）投影面垂直线：在所垂直的投影面上的投影积聚成一点，另两个投影面上的投影垂直于相应的投影轴且反映实长。

3）一般位置直线：直线的三面投影都倾斜于投影轴；投影长度均小于直线的实长；各投影与投影轴的夹角均不反映空间直线对投影面的倾角。

5. 直线上的点

直线上的点投射在直线的同面投影上且线段成比例。

6. 两直线的相对位置

1）平行：空间两直线平行，则同面投影必平行且长度成比例。

2）相交：空间两直线相交，则同面投影必相交且交点符合点的投影规律。

3）交叉：空间两直线既不平行也不相交，称为交叉。

7. 各种位置平面的投影特性

1）投影面平行面：在平行投影面上的投影反映平面实形，另两个投影面的投影积聚成直线且平行于相应投影轴。

2）投影面垂直面：在所垂直的投影面上的投影积聚成直线，与投影轴的夹角分别反映平面对另两投影面的真实倾角。在另两投影面上的投影仍为平面图形，成为比实形小的类似形。

3）一般位置平面：倾斜于三个投影平面，投影均小于平面的实际形状。

8. 平面内的点和直线

点在平面内判定条件：点在平面内的一条已知直线上。

线在平面内判定条件：①直线通过平面内的两个已知点；②直线通过平面内的一个已知点，且平行于平面内的一条已知直线。

9. 相对位置

1）直线与平面相交：交点为共有点，交点也是可见与不可见的分界点。

2）平面与平面相交：交线为共有线，求交线的本质是求共有点。

3）直线与平面平行：若一直线平行于平面内的一条直线，则此直线平行该平面。

4）平面与平面平行：一平面内的相交两直线对应平行于另一平面内的相交两直线。

2.2 实践练习

注意事项：
1）字母书写：空间点用大写字母表示，投影用小写字母表示。以点 A 为例，水平面投影记作小写字母 a，正面投影记作 a'，侧面投影记作 a"。
2）图线绘制：表示三等对应关系的辅助线用 2H 或 HB 铅笔削成锥形绘制，线宽不能超过 0.25mm，务必保证横平竖直。
3）两点的投影重合时，不可见的点加上括号。

2-1 已知各点的两面投影，画出其第三面投影。

(1)

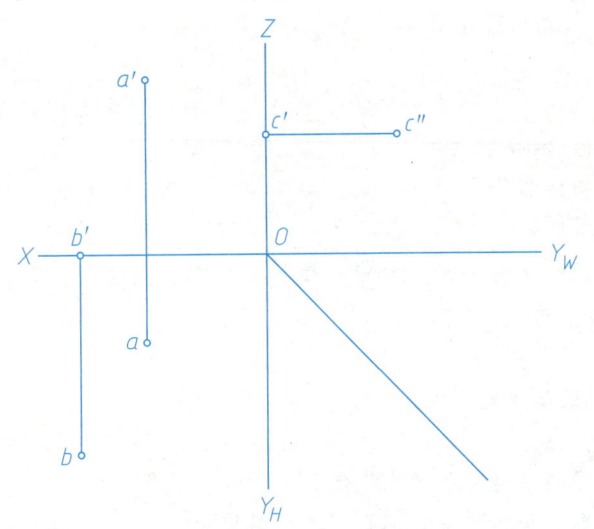

(2)

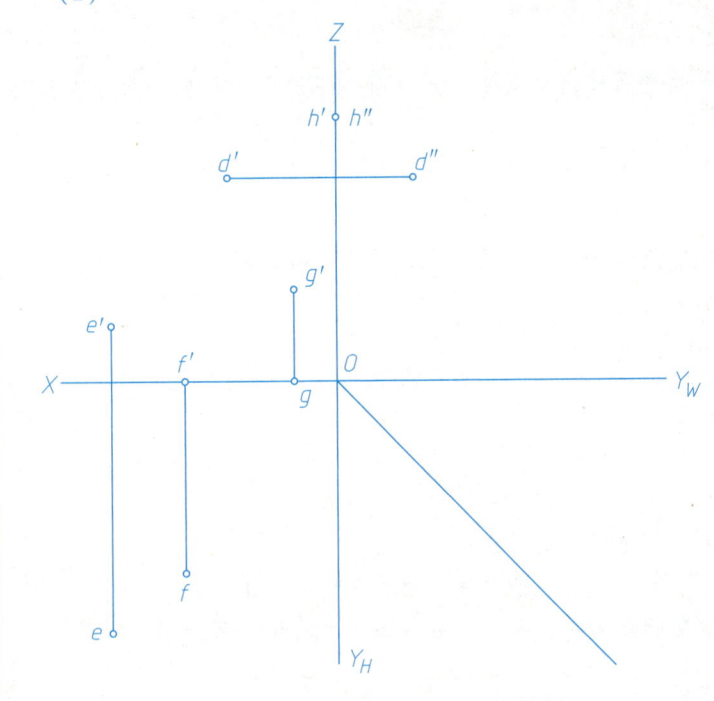

2-2 已知：点 B 距离点 A 15mm，点 C 与点 A 是对 V 面的重影点，点 D 在点 A 的正下方 20mm 处。补全各点的三面投影，并标明可见性。

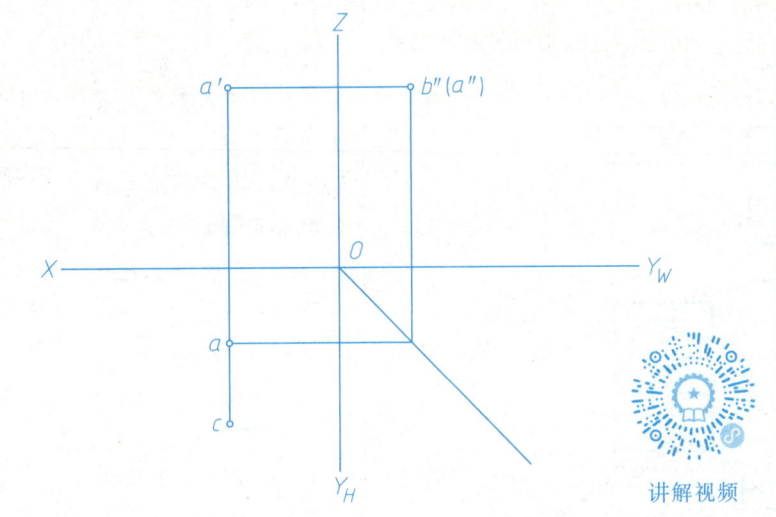

讲解视频

2-3 已知点 M 的三面投影，且点 N 在点 M 之右 11mm、之前 15mm、之上 10mm 处，点 P 在点 M 之左 14mm、之前 10mm、之下 12mm 处，作出 N、P 两点的三面投影。

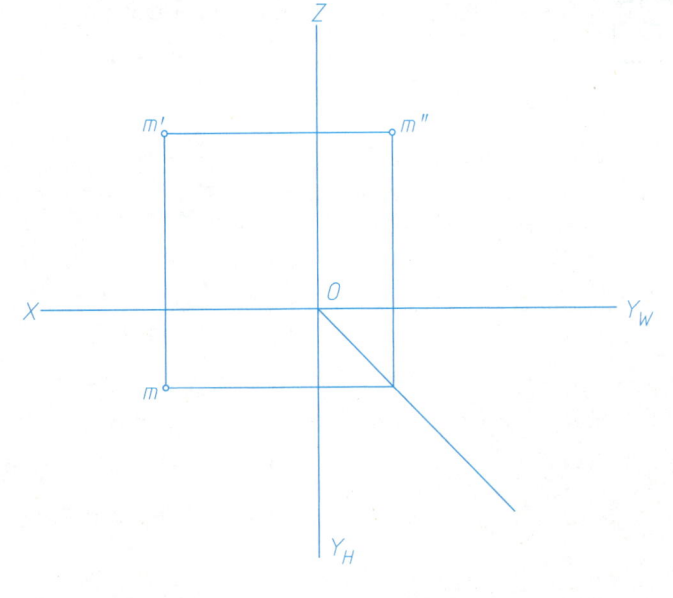

2-4 根据立体图，求出各点在其他视图中的投影，并填空。

(1)

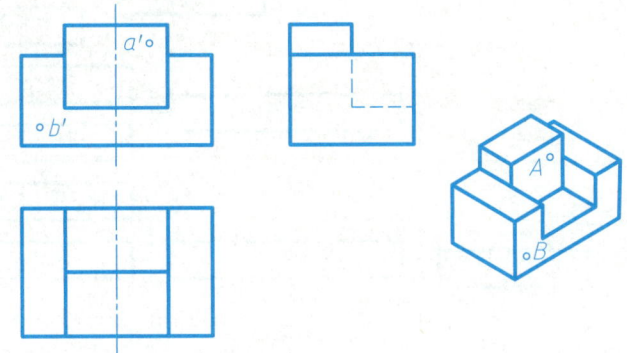

点 B 位于点 A 的 ___（左/右）、___（上/下）、___（前/后）方。

(2)

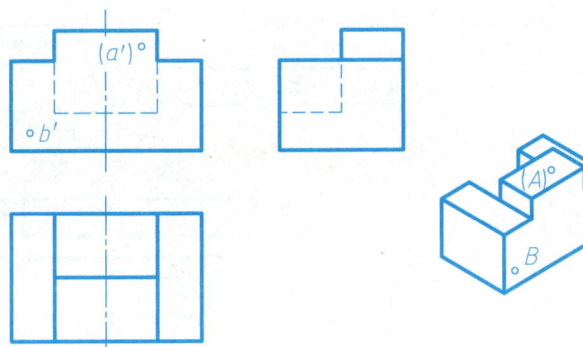

点 B 位于点 A 的 ___（左/右）、___（上/下）、___（前/后）方。

(3)

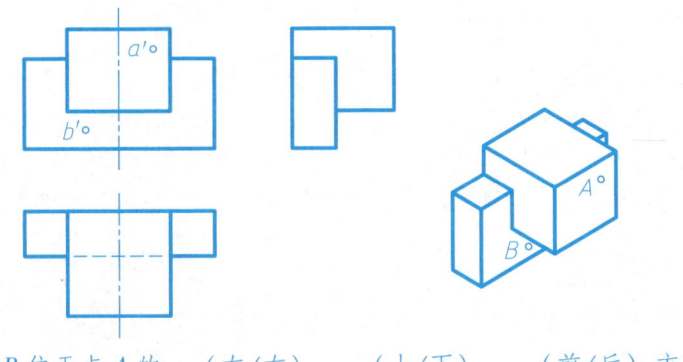

点 B 位于点 A 的 ___（左/右）、___（上/下）、___（前/后）方。

2.2 实践练习

注意事项：
1) 2-5 题先根据投影特性做出判断，然后完成第三面投影进行验证，体会不同位置直线的投影特性。
2) 用等比性完成点在直线上的投影时，等长线段需要用等量符号进行标记。
3) 作图时，首先用 2H 铅笔绘制辅助细线（0.25mm 左右）并完成字母标记，检查无误后用 2B 铅笔将直线的投影加深为粗实线（0.5mm 或 0.7mm）。

2-5 作出直线的第三面投影，判断直线属于何种位置的直线并填空。

(1)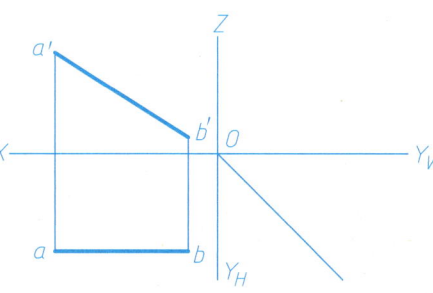

直线 AB 是_____线。

(2)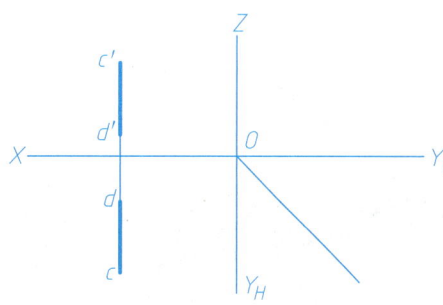

直线 CD 是_____线。

(3)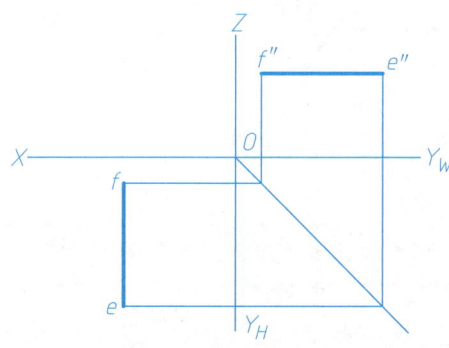

直线 EF 是_____线。

(4)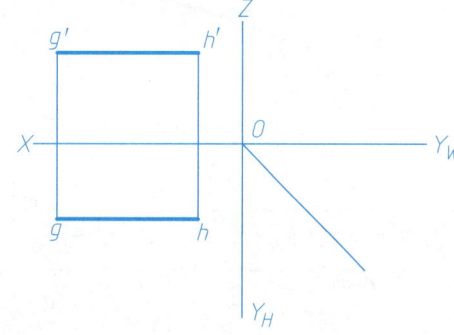

直线 GH 是_____线。

(5)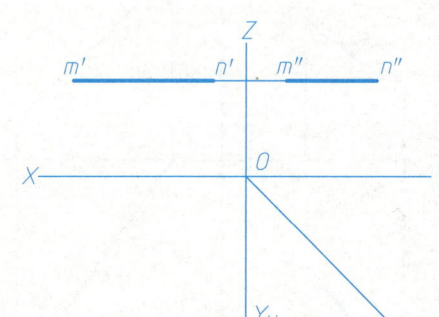

直线 MN 是_____线。

(6)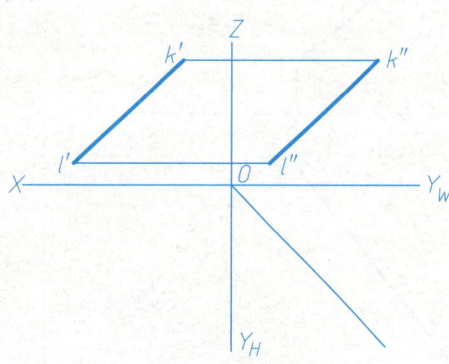

直线 KL 是_____线。

2-6 作属于线段 AB 的点 C，使 AC : CB = 4 : 1。

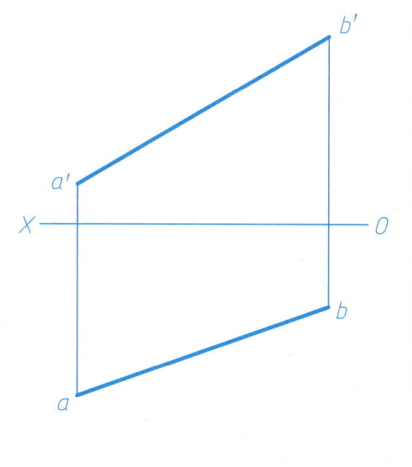

2-7 由点 A 作直线 AB 与直线 CD 相交，交点 B 距离 H 面 20mm。

(1)　　　　(2)　　　　(3)

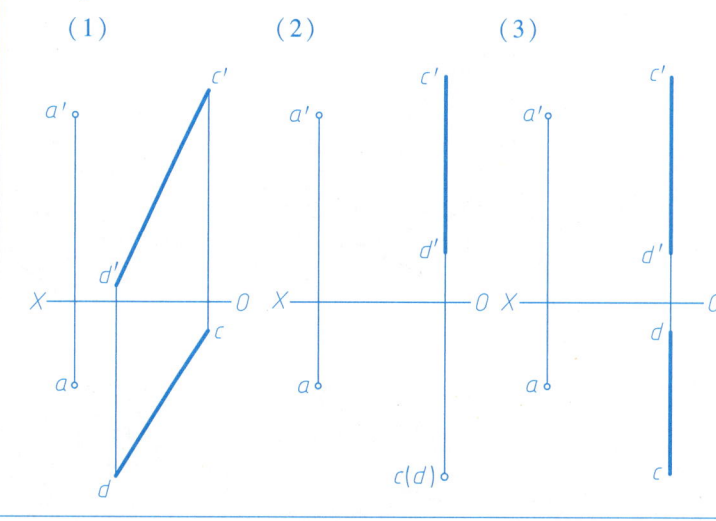

2-8 根据立体图，在三面投影图中标出直线 AB 和直线 CD 的投影（用小写字母标出），并填写它们的名称和对各投影面的相对位置。直线对投影面的相对位置用符号填写即可：平行（∥）、垂直（⊥）、相交（∠）。

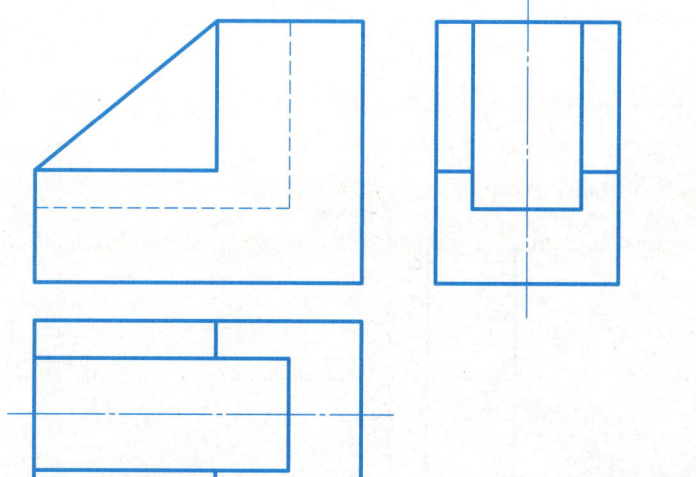 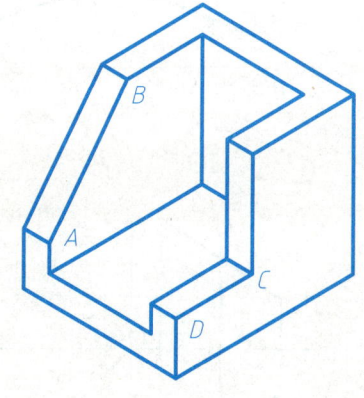

直线 AB 是_____线，直线 AB ___V 面，___H 面，___W 面；
直线 CD 是_____线，直线 CD ___V 面，___H 面，___W 面。

2.2 实践练习

注意事项：
1) 表示投影对应关系的辅助线是细实线，辅助线多余部分需要擦除。
2) 直线的投影最终结果需要加深，粗实线的线宽是细线的 2 倍，通常绘制 0.5mm 或 0.7mm。
3) 重影点的判断：正面投影前可见、后不可见，水平投影上可见、下不可见，侧面投影左可见、右不可见。

2-9 判断下列两直线的相对位置，并填空。

(1)　　　　　　　　　(2)

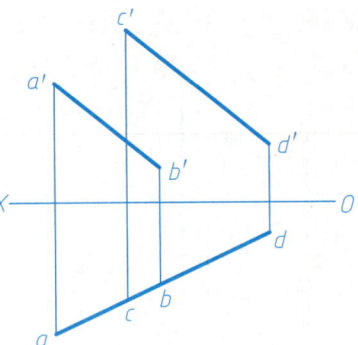

直线 AB 与直线 CD 是_____两直线。　　直线 AB 与直线 CD 是_____两直线。

(3)　　　　　　　　　(4)

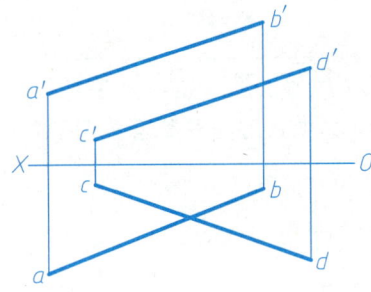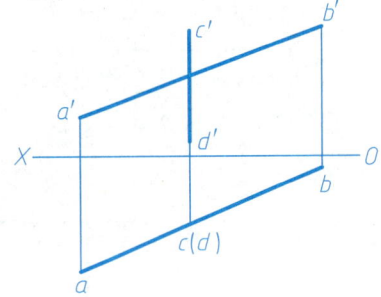

直线 AB 与直线 CD 是_____两直线。　　直线 AB 与直线 CD 是_____两直线。

(5)　　　　　　　　　(6)

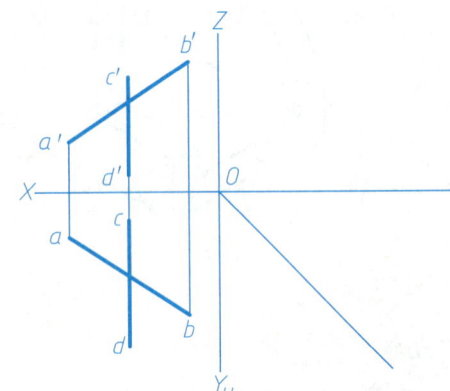

直线 AB 与直线 CD 是_____两直线。　　直线 AB 与直线 CD 是_____两直线。

2-10 作两交叉直线的重影点的投影，并标明可见性。

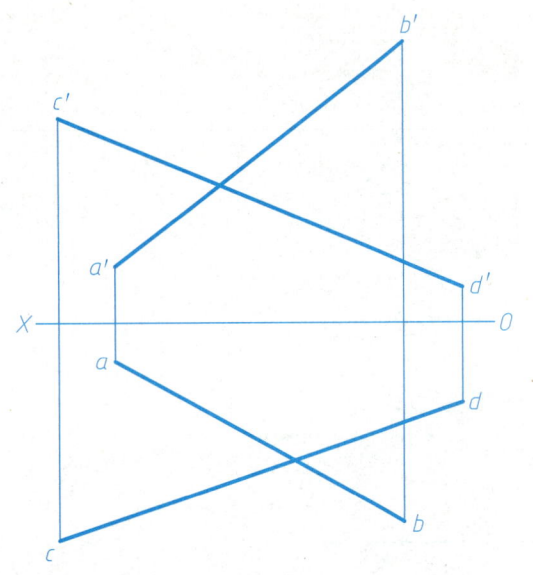

2-11 作一直线 KL，使其与直线 AB 平行，与直线 CD 相交于点 L，作出直线 KL 的两面投影。

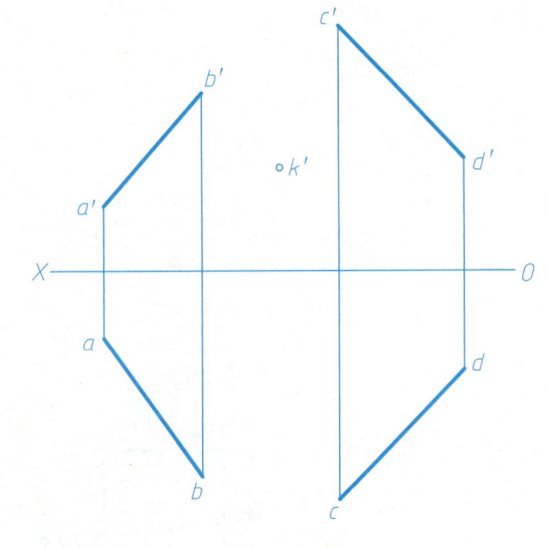

2-12 求过点 A 的直线 AB，使其与直线 CD、直线 EF 均相交，作出直线 AB 的两面投影。

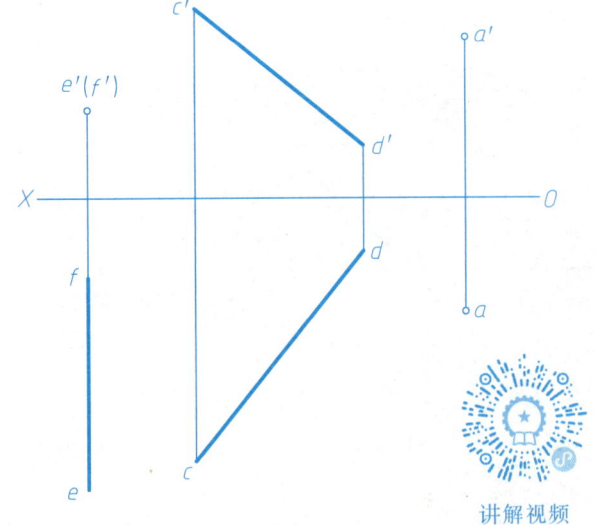

2-13 求一直线 MN，使其平行于直线 AB，且分别与直线 CD、直线 EF 相交于点 K、L，作出直线 MN 的两面投影。

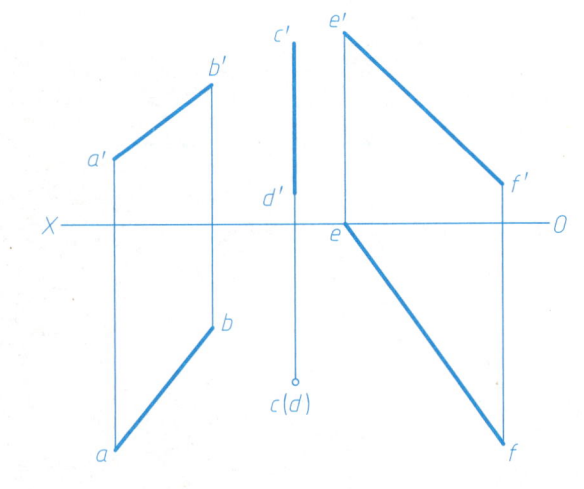

班级：　　　　姓名：　　　　学号：

2.2 实践练习

注意事项：
1) 2-14 题先根据投影特性做出判断，然后完成第三面投影进行验证，体会特殊位置平面的投影特性。
2) 2-15 题可用不同颜色对平面 P、Q 的三面投影进行涂色，理解不同位置平面的投影特性。
3) 平面和投影平面的位置关系有：平行（//）、垂直（⊥）、相交（∠）。

2-14 完成平面图形的第三面投影，判断它们属于何种位置平面并填空。

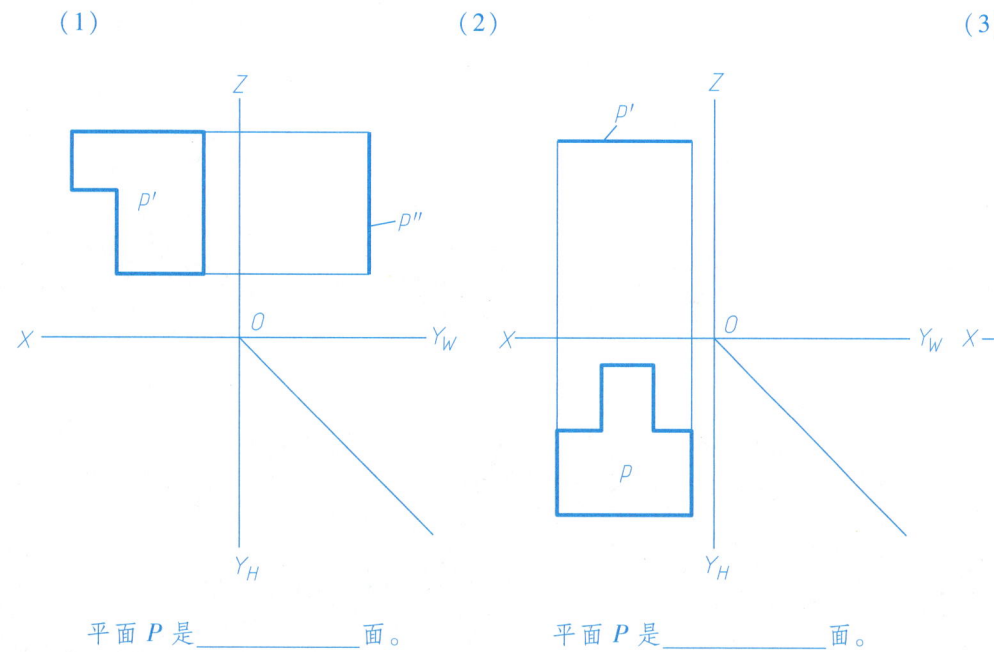

(1) 平面 P 是_____面。
(2) 平面 P 是_____面。
(3) 平面 P 是_____面。

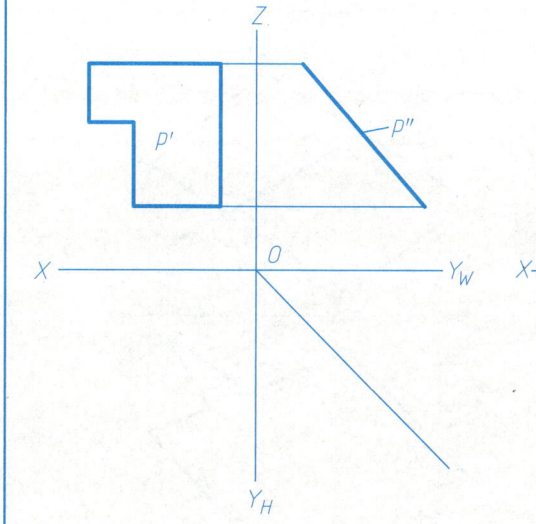
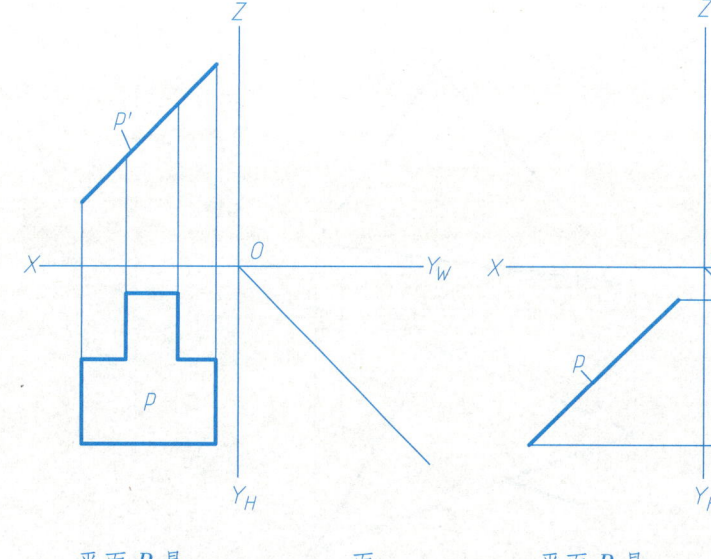

(4) 平面 P 是_____面。
(5) 平面 P 是_____面。
(6) 平面 P 是_____面。

2-15 对照立体图，在三面投影图上用符号标出指定平面的投影，并填写它们的名称和对各投影面的相对位置。平面对投影面的相对位置用符号填写即可：平行（//）、垂直（⊥）、相交（∠）。

(1)
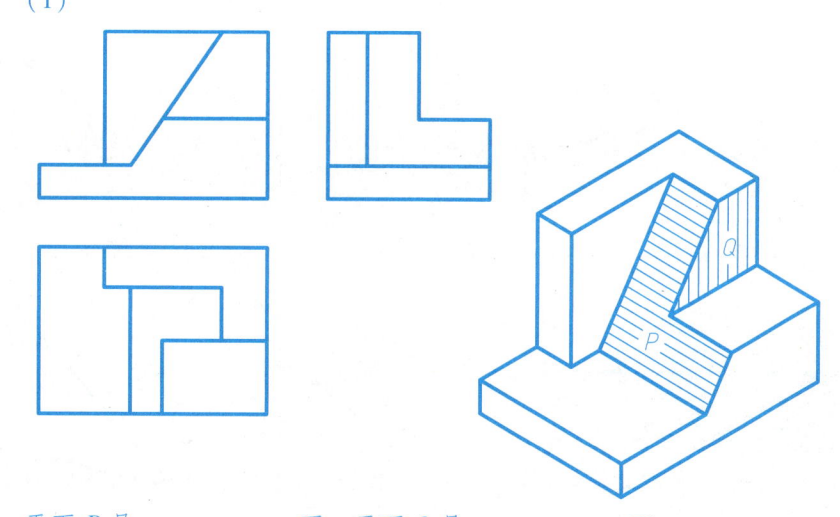

平面 P 是_____面，平面 Q 是_____面。
平面 P ___V面，___H面，___W面，平面 Q ___V面，___H面，___W面。

(2)
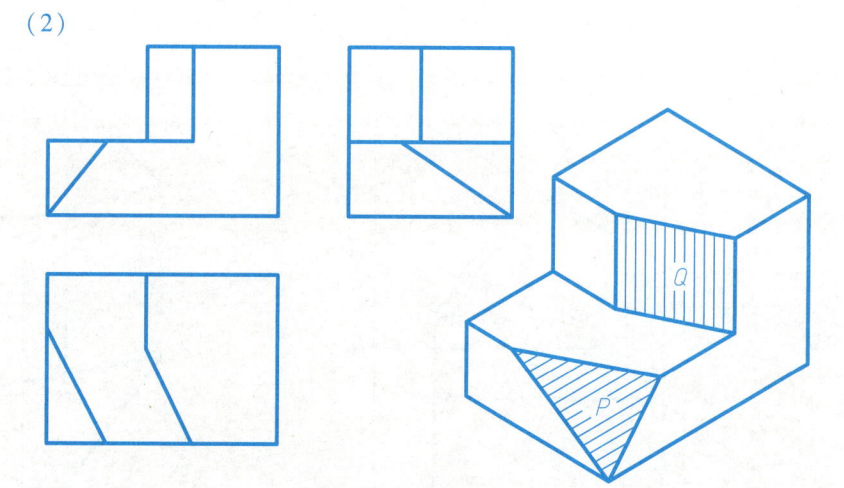

平面 P 是_____面，平面 Q 是_____面。
平面 P ___V面，___H面，___W面，平面 Q ___V面，___H面，___W面。

2.2 实践练习

注意事项：

1）2-16题直线端点的正面投影和水平投影连线应符合点的投影规律。

2）2-20题交线可以通过重影点进行可见性判断，正面投影前可见、后不可见，水平投影上可见、下不可见，侧面投影左可见、右不可见。

3）图线绘制：辅助线用2H或HB铅笔削成锥形绘制，线宽不能超过0.25mm，务必保证横平竖直，多余辅助线需擦去；直线和平面的最终结果需要加深，用2B铅笔削成矩形绘制，线宽为0.5mm或0.7mm。

2-16 已知属于平面 *ABC* 的点 *E* 及直线 *MN* 的一个投影，补出点 *E* 及直线 *MN* 的另一面投影。

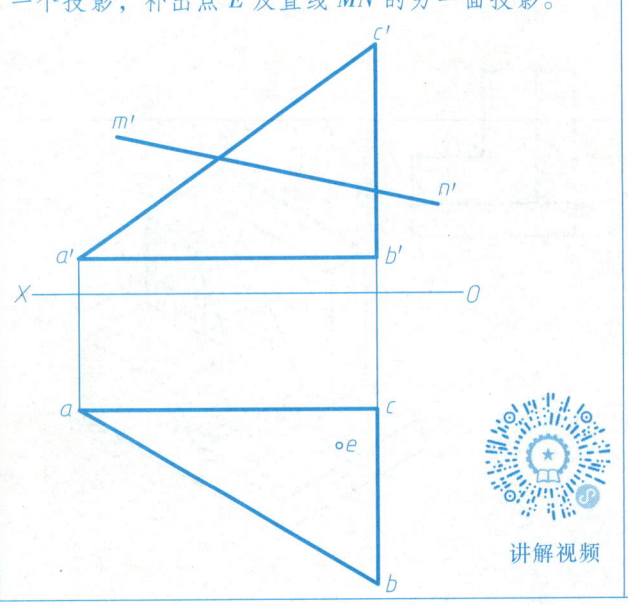

讲解视频

2-17 求平面 *ABC* 内距 *H* 面 20mm 的水平线和距 *V* 面 12mm 的正平线，作出它们的两面投影。

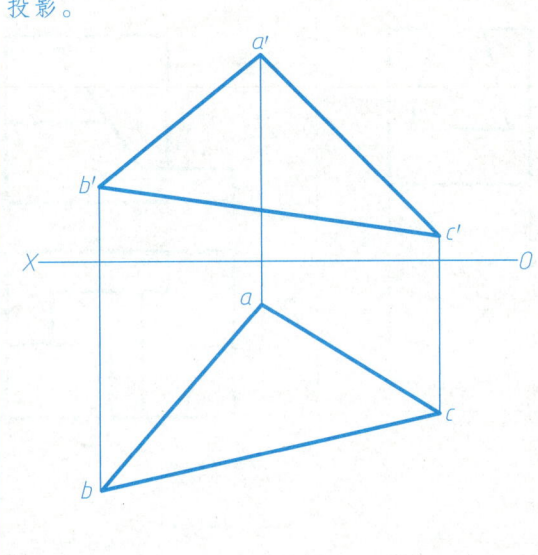

2-18 作出平面 *ABCDE* 的正面投影。

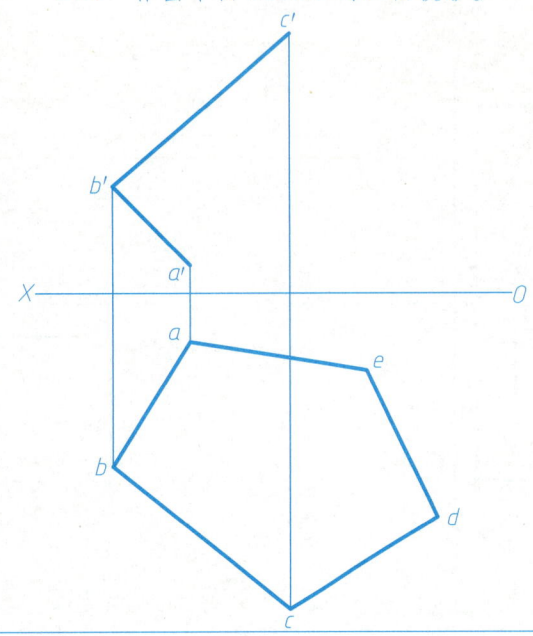

2-19 已知点 *E* 为平面 *ABCD* 内距 *V* 面 27mm 的点，完成平面 *ABCD* 的水平投影。

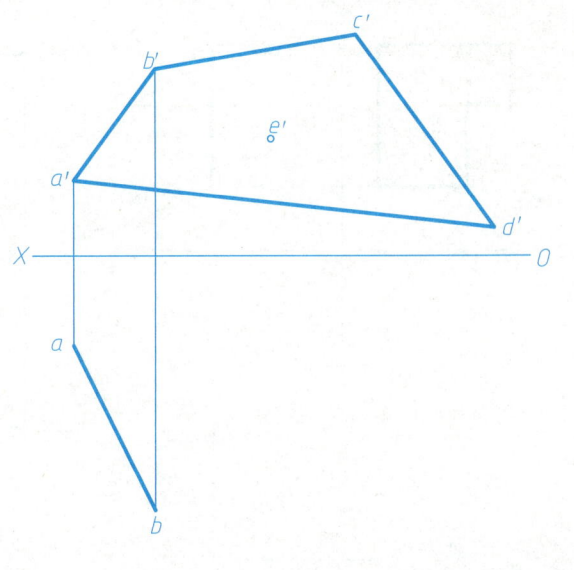

2-20 求下列直线与平面的交点 *K* 的投影，并判断可见性。

（1）

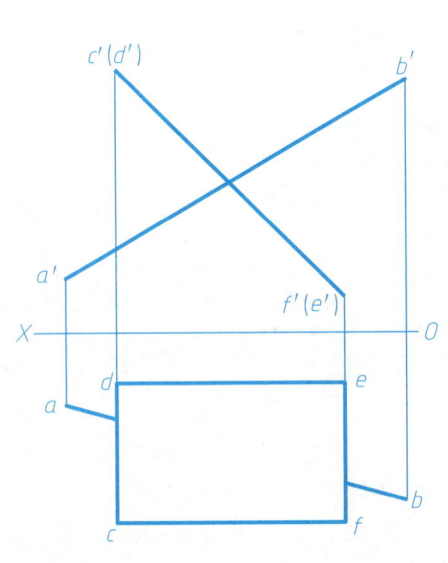

（2）

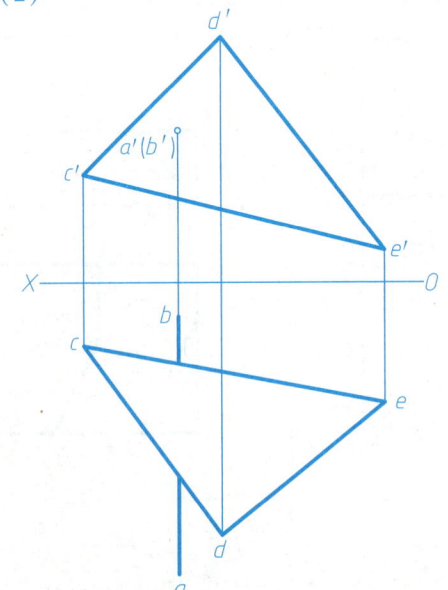

（3）

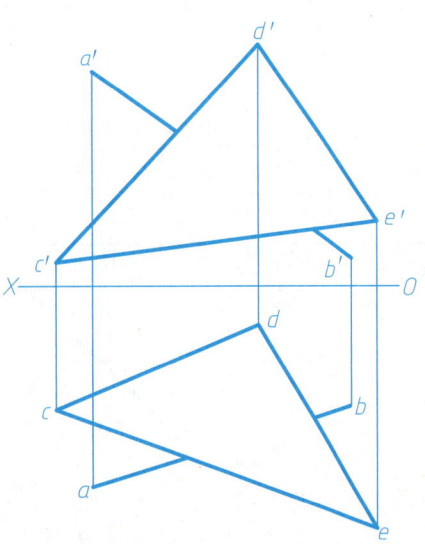

2-21 求平面 *ABC* 与平面 *DEFG* 的交线 *MN* 的两面投影，并判断可见性。

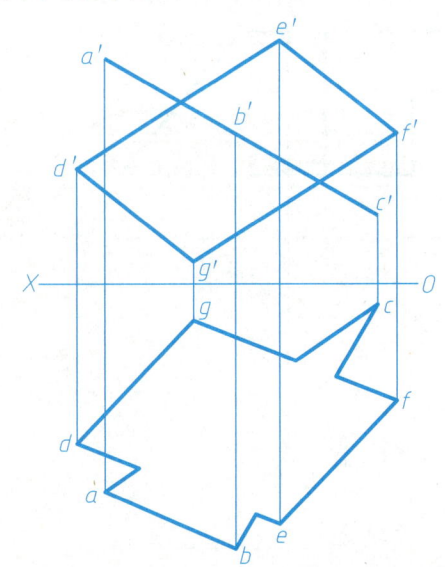

第 3 章 立体的投影

3.1 内容导学

一、知识框架

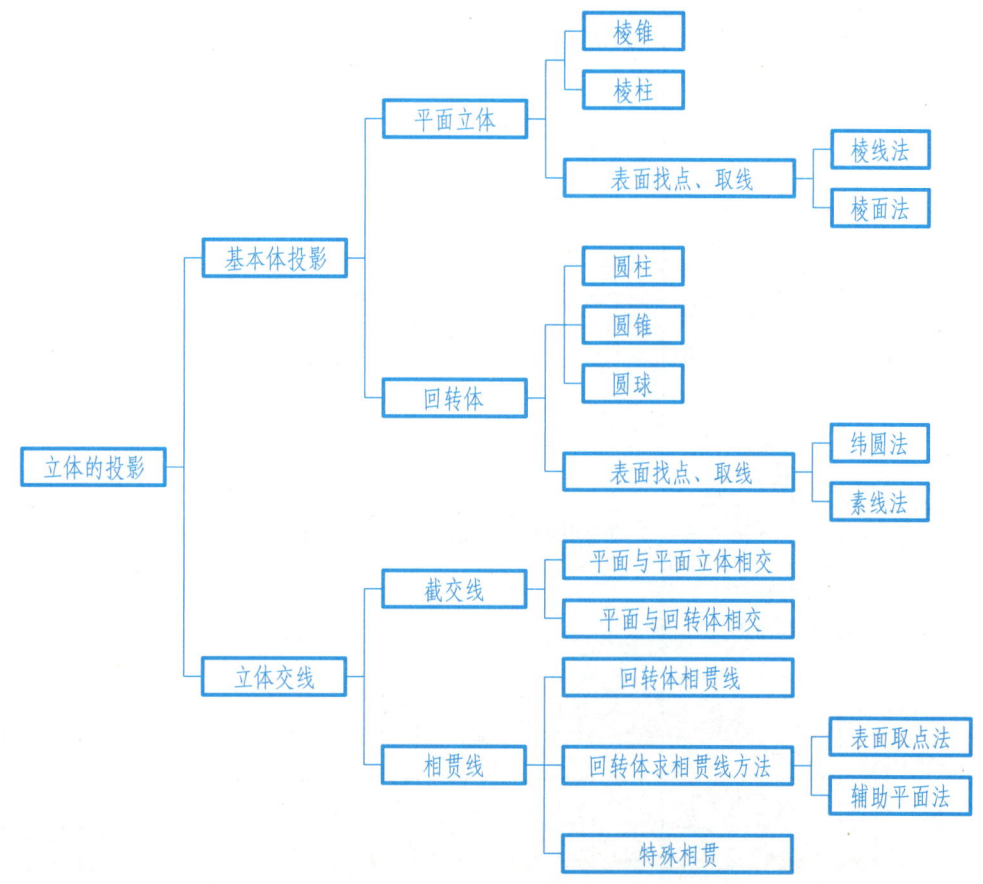

二、知识要点

1. 基本体投影

1）平面立体：棱柱、棱锥投影及表面找点、取线。

2）回转体：圆柱、圆锥、圆球投影及表面找点、取线。

2. 平面与平面立体相交（截交线）

求截交线步骤：平面立体切割后交线是封闭的平面多边形，求解时首先要分析截交线形状，然后通过棱线法找到截平面与立体表面的共有点并将同面的两点依次相连。注意线不可跨面连接，不同平面上的点只能经过棱线转面连接并判别可见性。

3. 平面与回转体相交（截交线）

1）圆柱的切割：截平面与轴线垂直，截交线为圆；截平面与轴线平行，截交线为直线；截平面与轴线倾斜，截交线为椭圆。

2）圆锥的切割：截平面与轴线垂直，截交线为圆；截平面过锥顶，截交线为直线；截平面与轴线倾斜，截交线为抛物线、双曲线或椭圆。

3）圆球的切割：圆球从任意位置切割，其截交线都是圆。

4. 两立体相交（相贯线）

1）回转体相贯线：通常是一条封闭的空间曲线，是两回转体表面的共有线，求相贯线的投影就是求两回转体表面的一系列共有点的投影。

2）回转体求相贯线方法：表面取点法和辅助平面法。

表面取点法：当两回转体中有一个是轴线垂直于投影面的圆柱时，则圆柱面在该投影平面积聚为圆，在圆的投影上取若干共有点，再分别按照两回转体表面取点的方法作图，求出这些点的其他面投影并光滑连线。

辅助平面法：假想用一个辅助平面截切两回转体，分别求取截平面和回转体的交线，交线的交点是三面共点；照此方法，求出相贯线上的一系列共有点并光滑连线。

3）特殊相贯：两回转体相交其相贯线一般是封闭的空间曲线，但在某些特殊情况下，相贯线是平面曲线或直线。

① 两回转体公切于一圆球时，相贯线为椭圆，该椭圆在平行于两轴构成平面的投影面上投影为直线段。

② 两同轴回转体相交，相贯线为垂直于轴线的圆，该圆在平行于两轴构成平面的投影面上投影为直线段。

3.2 实践练习

注意事项：
1) 几何体表面找点、取线是为后续截切线和相贯线做准备，需认真练习！
2) 求截交线时注意投影特性：投影面垂直面是一个积聚、两个类似，投影面平行面是一框对着两直线。

3-1 求作五棱柱的侧面投影，并作出其表面上折线 *ABCD* 的水平投影和侧面投影。

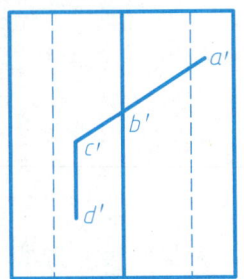
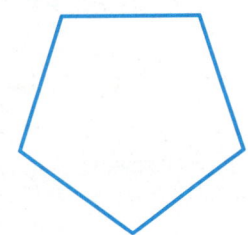

3-2 求作六棱锥台的侧面投影，并作出其表面上点 *A* 及折线 *BCD* 的所缺投影。

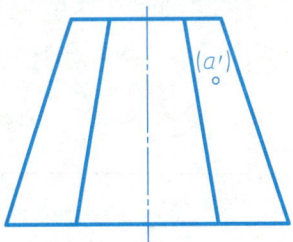
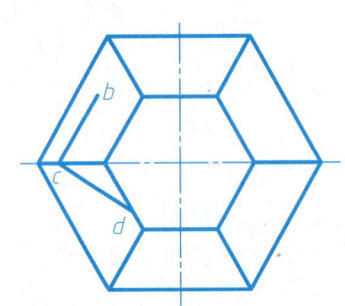

3-3 求作三棱锥的侧面投影，并作出其表面上闭合折线 *ABCDA* 的水平投影和侧面投影。

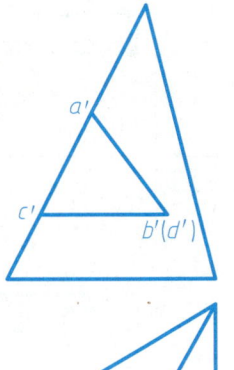

3-4 完成四棱柱截切后的水平投影和侧面投影。

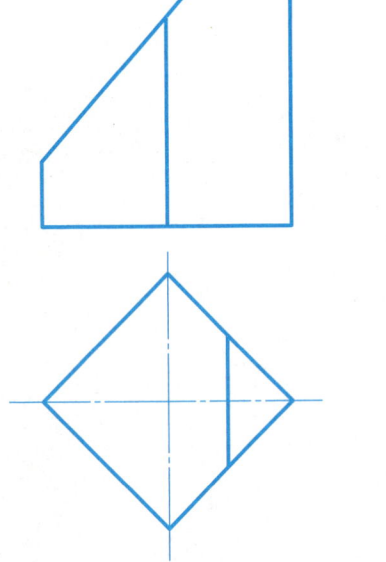

3-5 完成六棱柱截切后的水平投影和侧面投影。

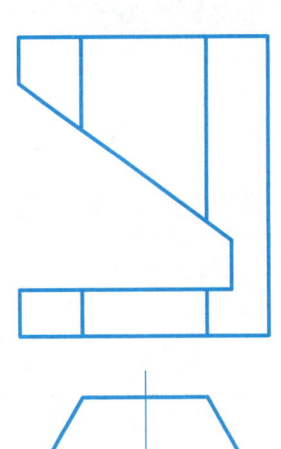
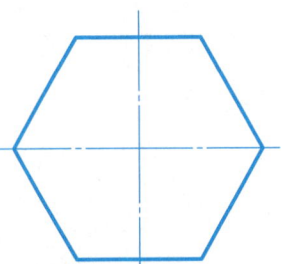

3-6 补全切口三棱锥的水平投影和侧面投影。

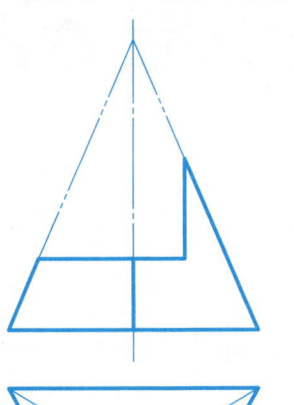
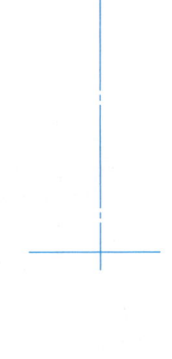
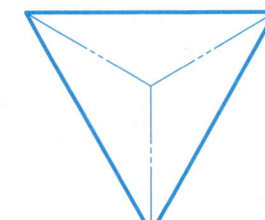

讲解视频

3.2 实践练习

注意事项：

平面立体截切作图步骤：①明确基本体投影和截交形式；②用细实线补出平面和基本体截交后可知部分的投影；③利用在立体表面找点、找线的方法完成共有点的找取；④判断可见性并将同一个表面内的点的投影相连；⑤利用投影面垂直面（一个积聚、两个类似）和投影面平行面（一框对着两直线）等进行投影分析；⑥分析基本体轮廓并擦去多余图线；⑦检查无误后将最后结果加粗描深，完成全图。

3-7 画出穿孔三棱柱的侧面投影。

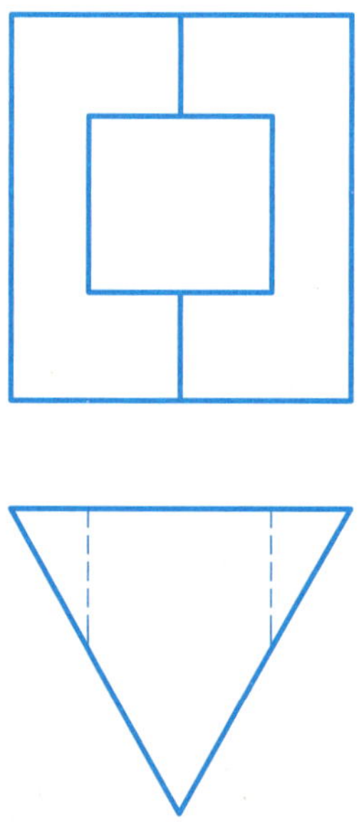

3-8 完成五棱柱截切后的水平投影和侧面投影。

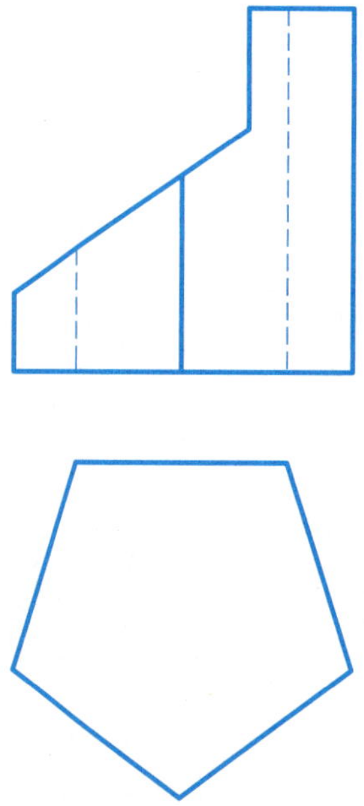

3-9 补全切口正四棱锥的水平投影和侧面投影。

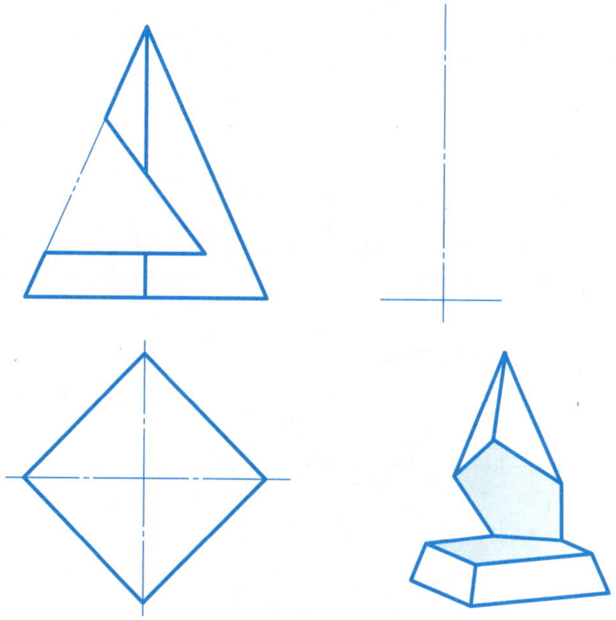

3-10 完成立体的侧面投影。

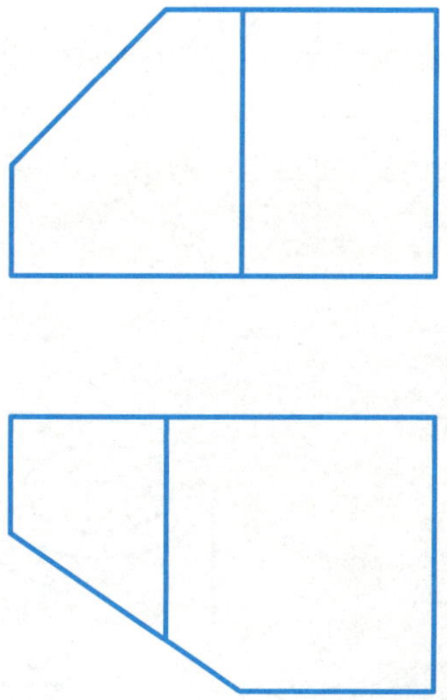

3-11 完成具有通槽的立体的水平投影。

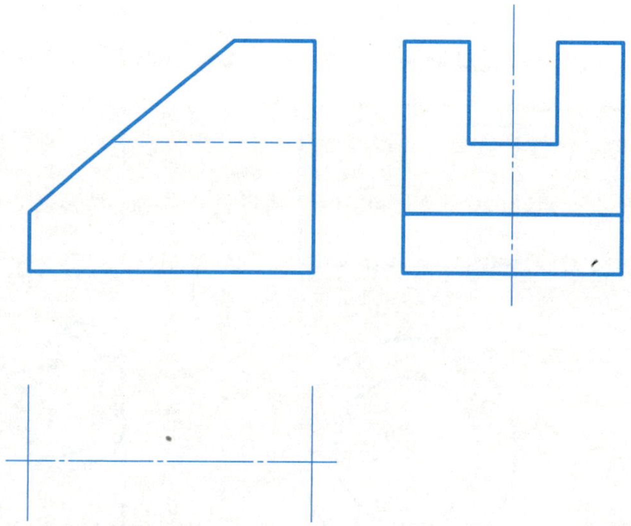

3-12 完成立体的水平投影。

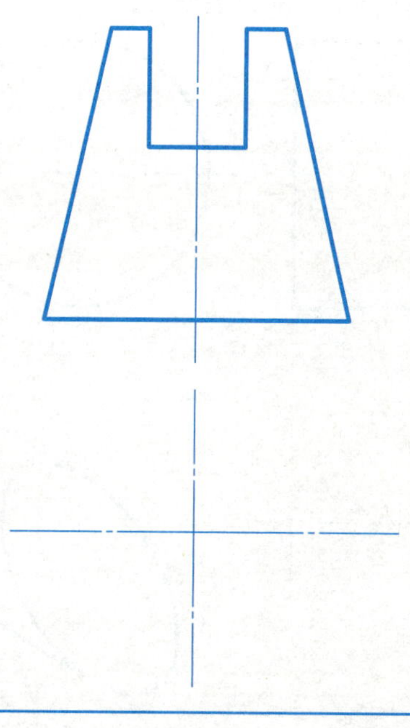

3.2 实践练习

注意事项：
1) 交线为直线时，注意垂线投影特性为一个积聚，两个实长。
2) 截平面为投影面平行面时，注意投影特性为一个实形，两条积聚直线。
3) 3-16题交线为椭圆时，作图顺序为找特殊点、找中间点、判断可见性、最后光滑连接曲线。

3-13 完成圆柱上各点和直线的三面投影。

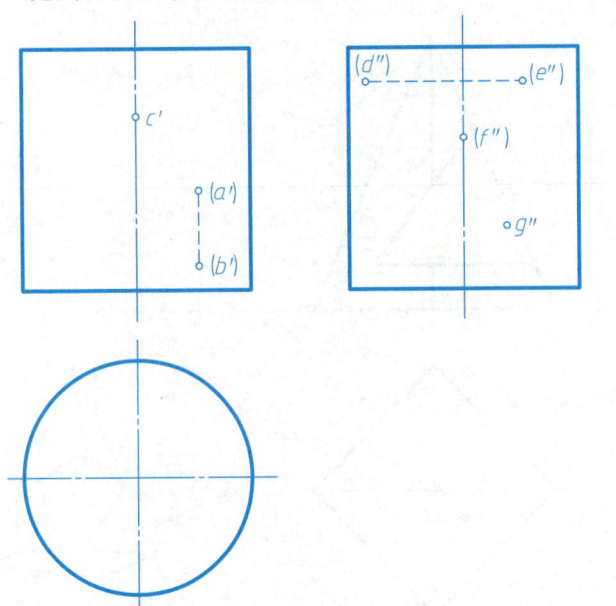

3-14 求作圆柱切割后的侧面投影，根据立体图完成直线 AB、点 C 的三面投影。

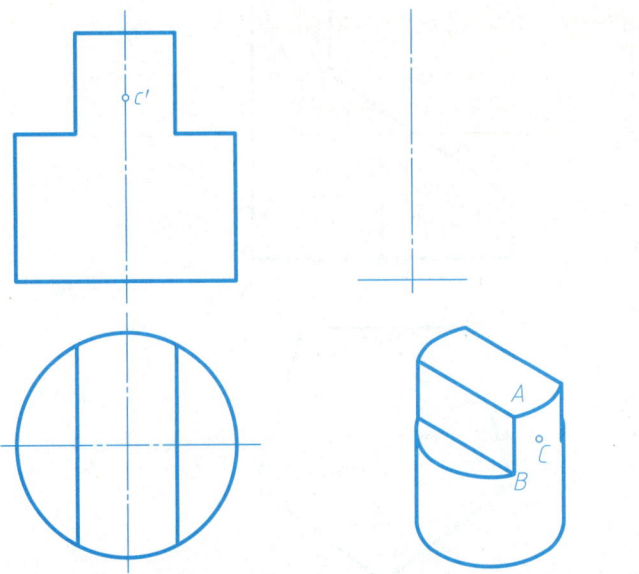

3-15 求作具有方形通孔圆柱的侧面投影，根据立体图用符号标记平面 A 的投影。

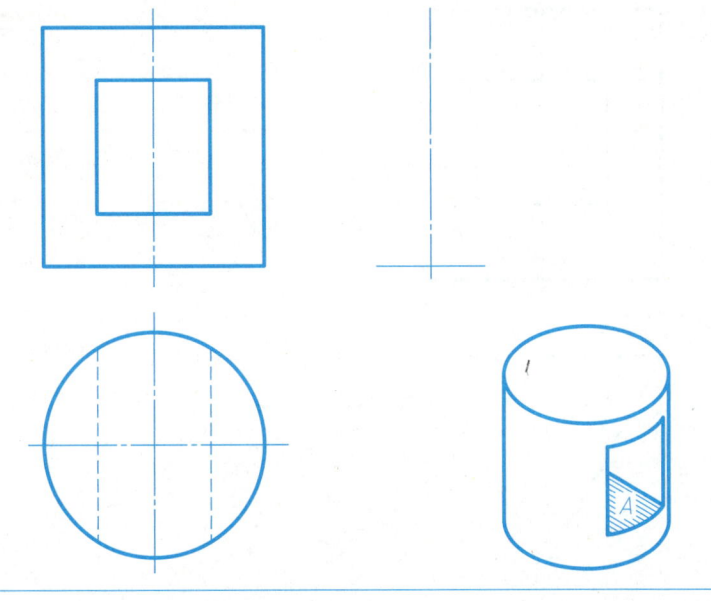

3-16 求作圆柱截切后的水平投影，注意特殊点和中间点的找取。

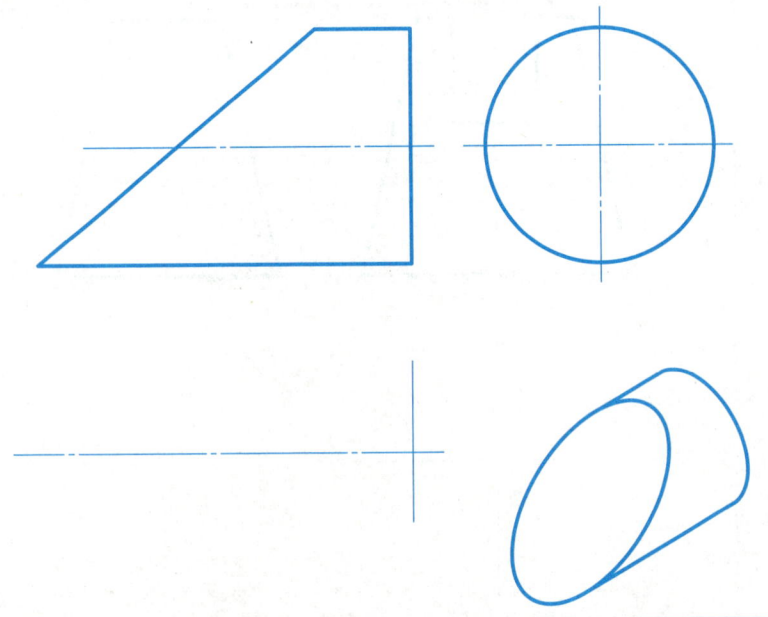

3-17 求作空心圆柱切割后的侧面投影，根据立体图完成直线 AB 和 CD 的三面投影。

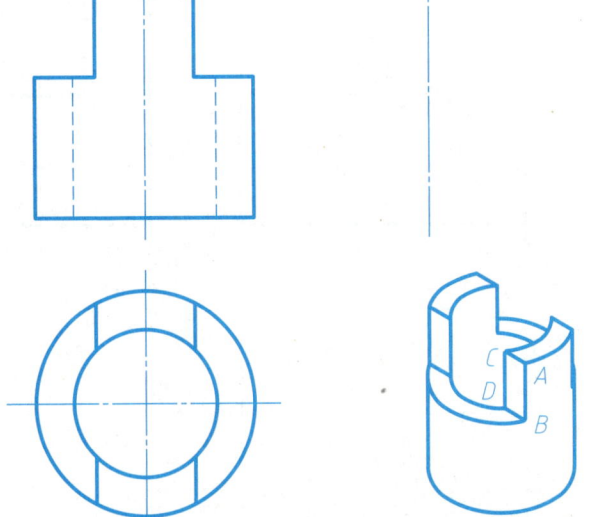

3-18 求作空心圆柱切割后的侧面投影，根据立体图用符号标记平面 A 的投影。

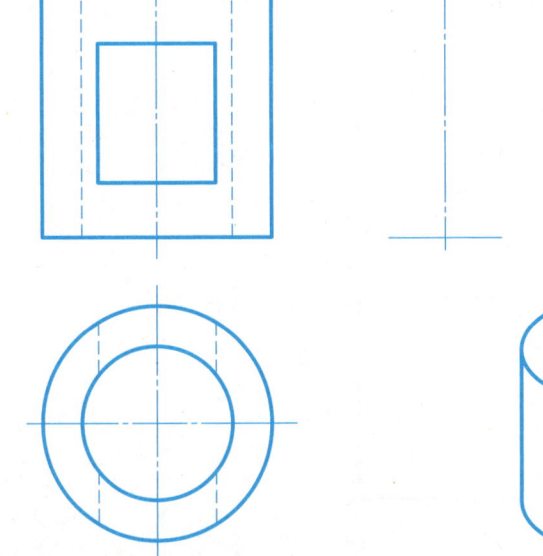

班级: 姓名: 学号:

3.2 实践练习

注意事项:

圆柱切割体作图步骤:①明确截平面和圆柱的位置关系,确定截交线样式(直线、圆、椭圆);②用细实线补出平面和圆柱相交后可知部分的投影;③利用圆柱投影积聚性找交点和交线,曲线需要先找特殊点、再找中间点;④判断可见性并将同一个表面内的点的投影相连;⑤利用投影面垂直面(一个积聚、两个类似)和投影面平行面(一框对着两直线)等进行投影分析;⑥分析基本体轮廓并擦去多余图线;⑦检查无误,结果加粗描深,完成全图。

3-19 求作圆柱截切后的侧面投影,标记平面 P、Q 的投影并填空。

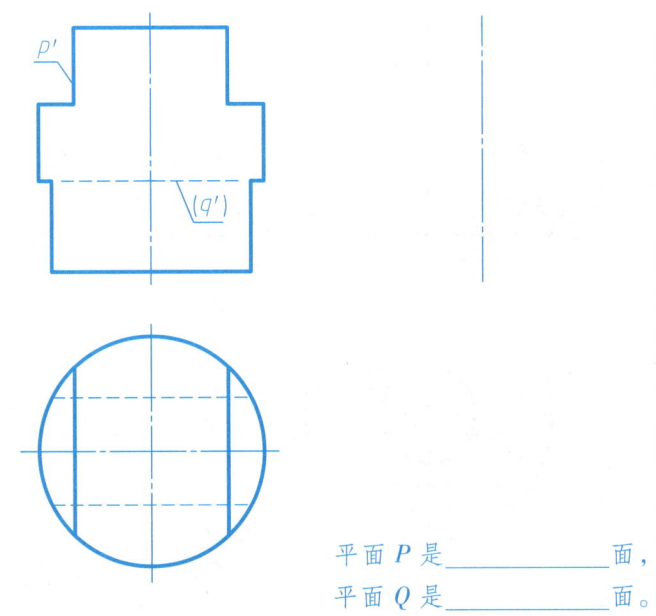

平面 P 是_____面,
平面 Q 是_____面。

3-20 求作切出通槽的圆柱侧面投影,标记平面 P、Q 的投影并填空。

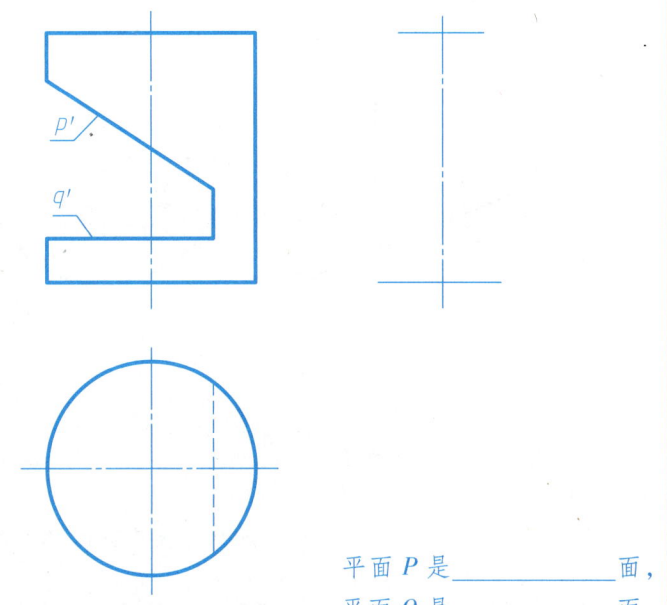

平面 P 是_____面,
平面 Q 是_____面。

3-21 求作截切出三角形通孔的圆柱的侧面投影。

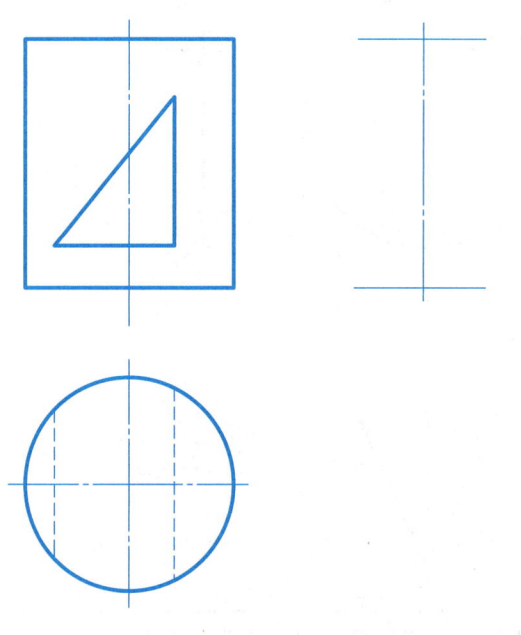

3-22 求作空心半圆柱截切后的水平投影,标记平面 P、Q 的投影并填空。

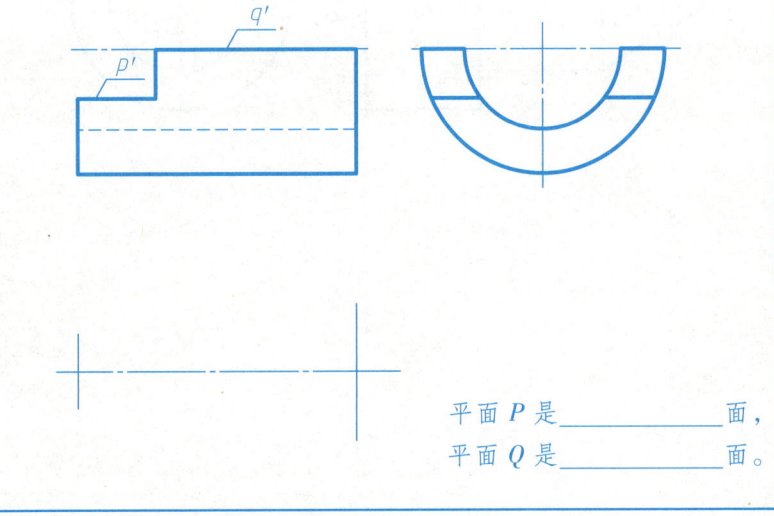

平面 P 是_____面,
平面 Q 是_____面。

3-23 求作空心圆柱截切后的水平投影,标记平面 P、Q 的投影并填空。

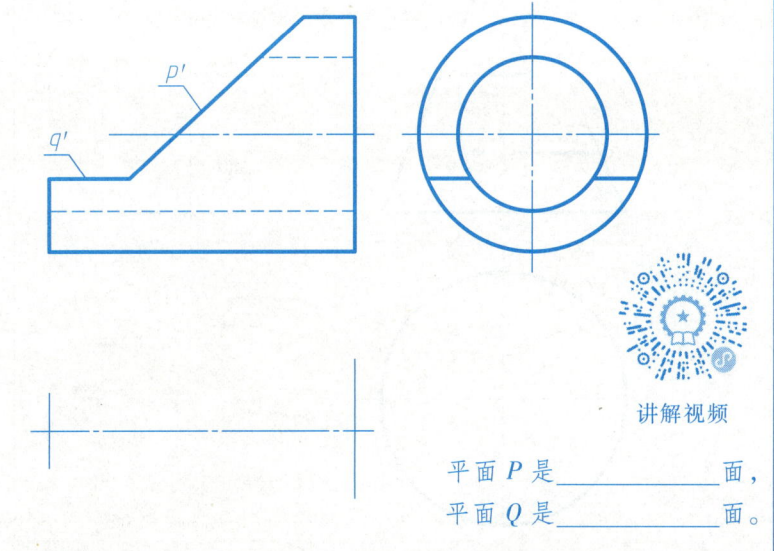

讲解视频

平面 P 是_____面,
平面 Q 是_____面。

3-24 求作空心圆柱截切后的侧面投影。

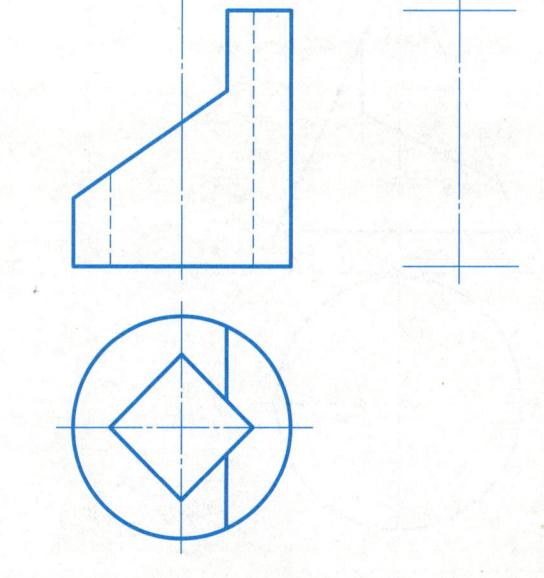

3.2 实践练习

注意事项：
1) 交线为圆时：圆用圆规绘制，不可徒手绘制。
2) 交线为直线时：锥顶和交点连线用直尺绘制，不可徒手绘制。
3) 交线为曲线时：需要找特殊点、找中间点、判断可见性、最后光滑连接曲线，作图过程的辅助线需要保留，辅助线是细实线。

3-25 补全圆锥面上的点、线的三面投影。

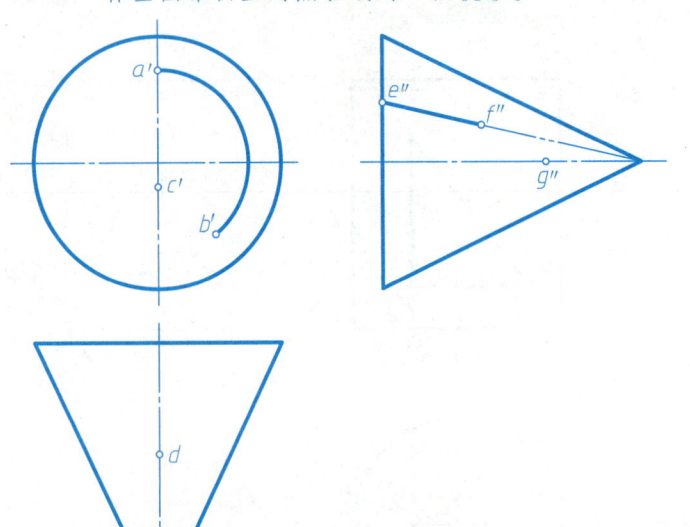

3-26 求作圆锥截切后的水平投影和侧面投影，判断截交线的形状并填空。

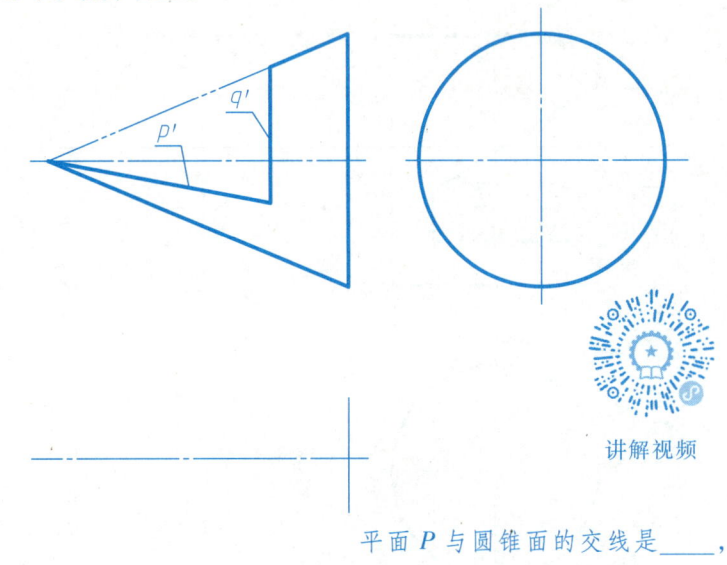

平面 P 与圆锥面的交线是____，
平面 Q 与圆锥面的交线是____。

3-27 完成圆锥截切后的正面投影，判断截交线的形状并填空。

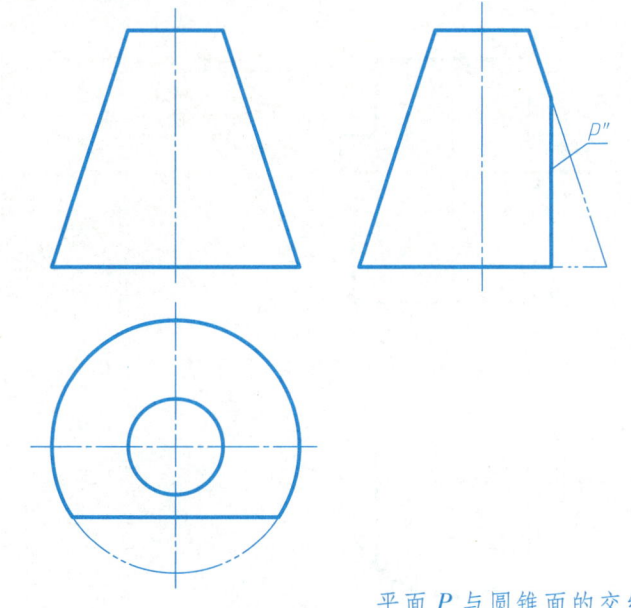

平面 P 与圆锥面的交线是____。

3-28 求作圆锥截切后的水平投影和侧面投影。

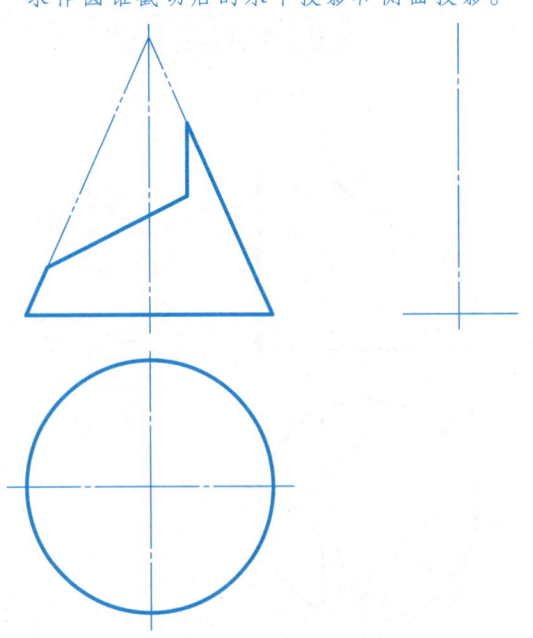

3-29 求作圆锥截切后的水平投影和侧面投影。

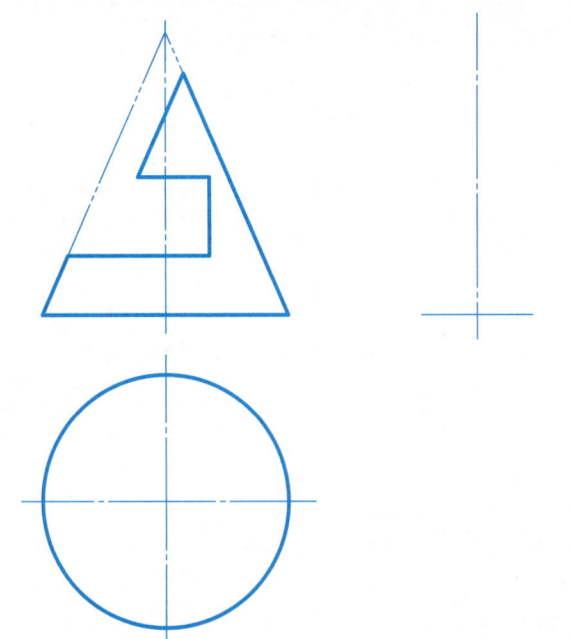

3-30 求作组合体截切后的水平投影。

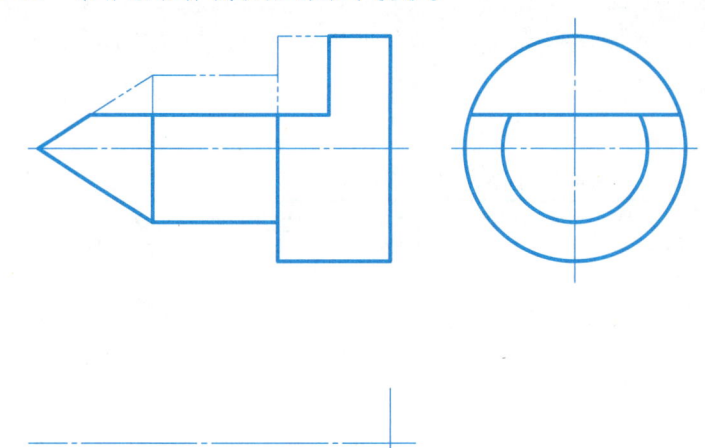

3.2 实践练习

注意事项：
1) 投影为圆时：圆必须用圆规绘制，加深也务必用圆规。
2) 投影为其余曲线时：需要找特殊点、找中间点、判断可见性、最后光滑连接曲线，作图过程的辅助线要保留，辅助线是细实线。

3-31 补全圆球面上的点、线的三面投影。

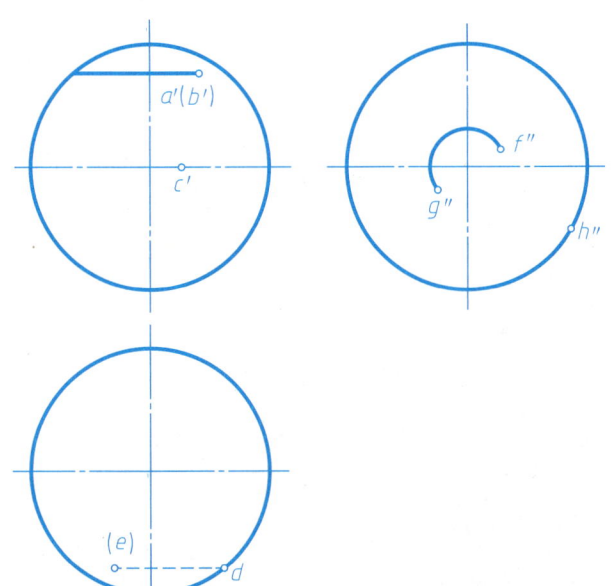

3-32 求作半圆球截切后的水平投影和侧面投影。

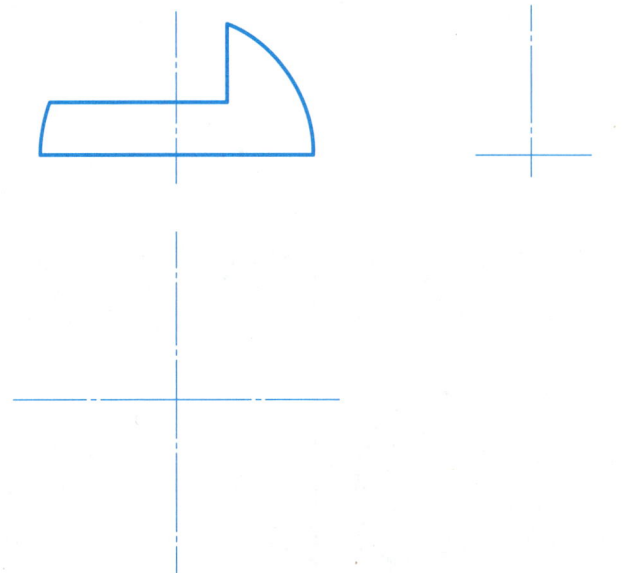

3-33 求作半圆球截切后的正面投影和水平投影。

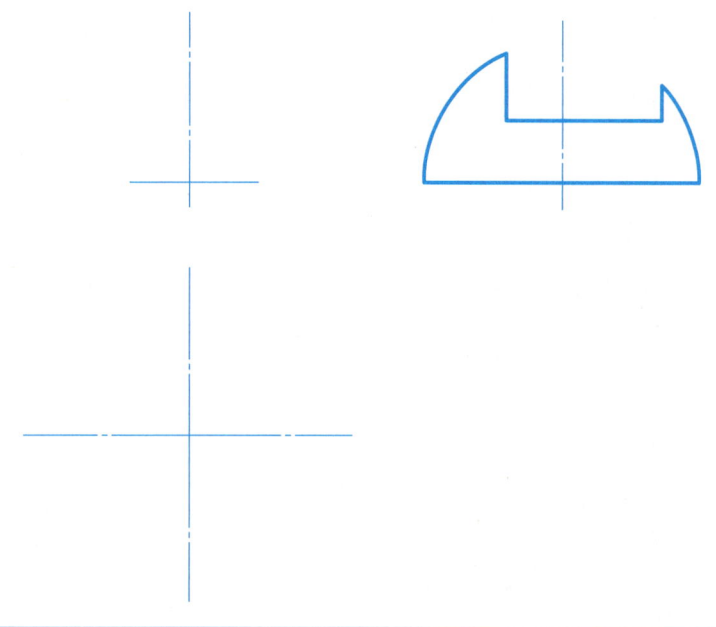

3-34 求作半圆球截切后正面投影和侧面投影。

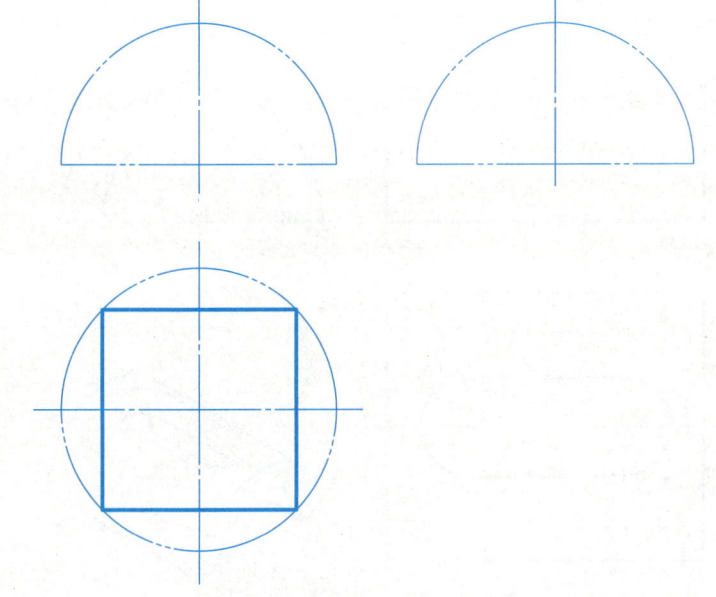

3-35 求作圆球截切后的水平投影和侧面投影。

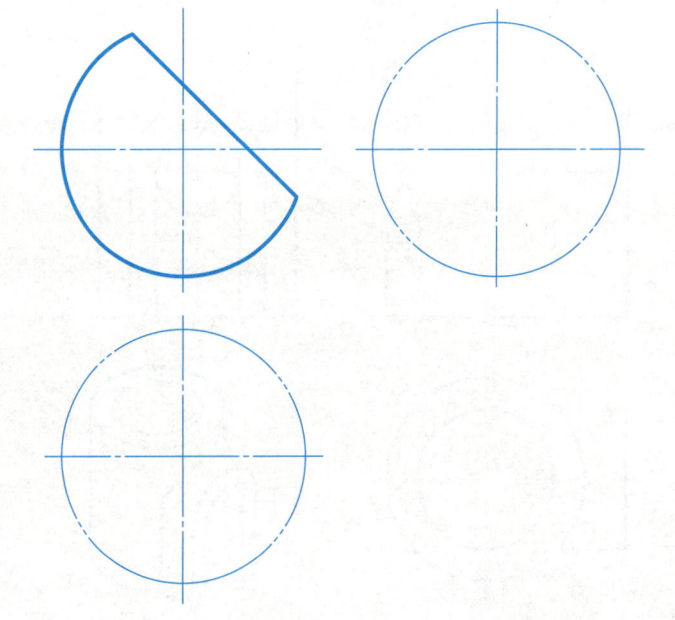

3-36 求作曲面立体截切后的水平投影。

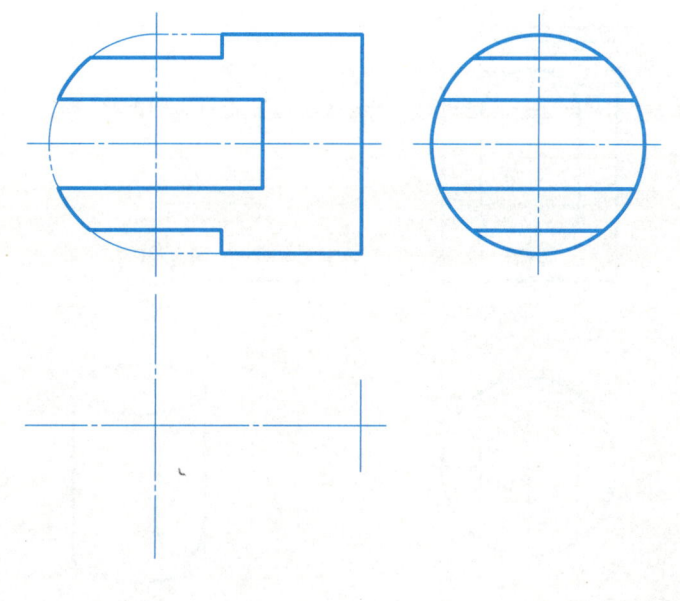

班级： 姓名： 学号：

3.2 实践练习

注意事项：
1) 轴线垂直相交两圆柱相贯：只需找特殊点，不必找中间点。投影曲线总弯向直径大的圆柱的轴线。
2) 第（4）~（6）小题可以先按完整圆柱绘制相贯线，然后擦去多余部分，注意相贯线弯向。

3-37 完成下列曲面立体表面交线的投影。

(1)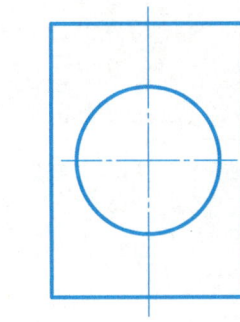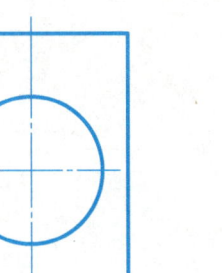

(2)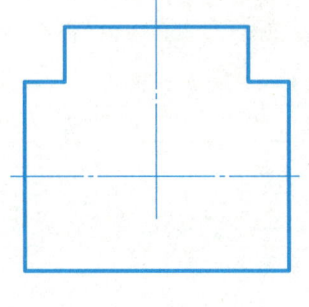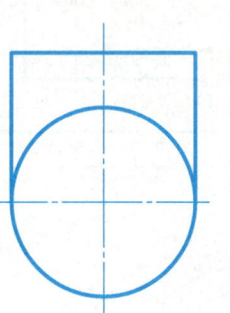

(3)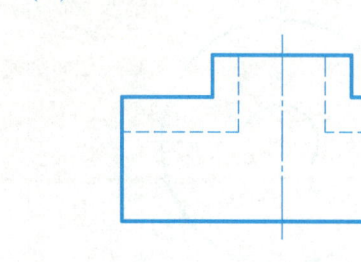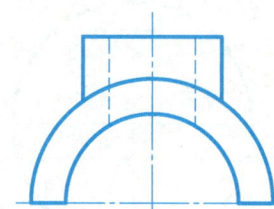
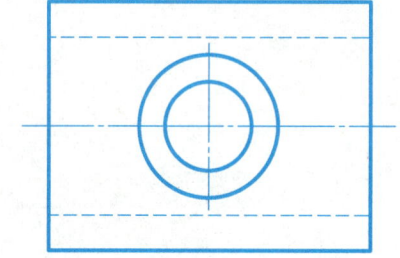

(4)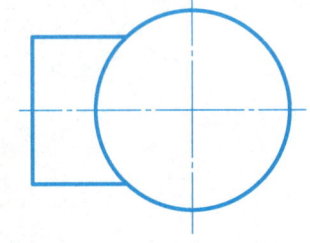
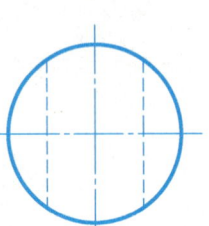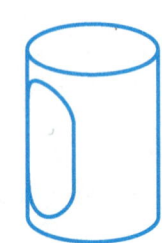

(5)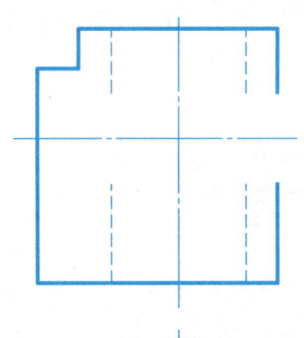
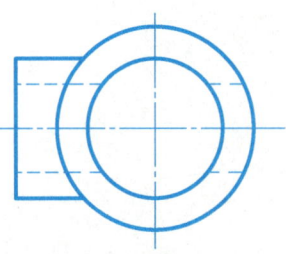

(6)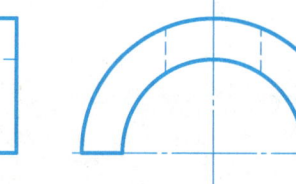
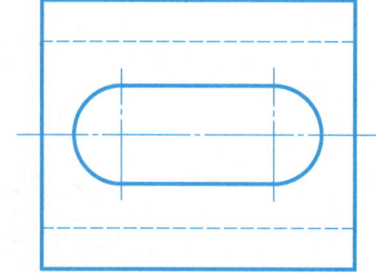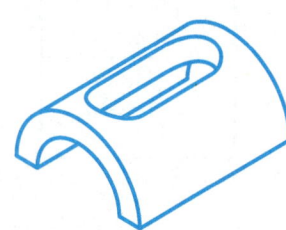

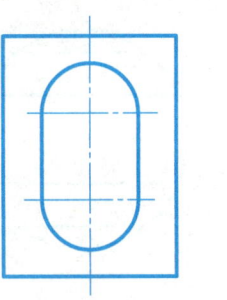

· 20 ·

3.2 实践练习

注意事项：

1) 平面立体与圆柱的相贯线和平面截切圆柱的相交线如出一辙，要认真分析平面与圆柱面的交线样式，并利用投影面平行面（一框对着两直线）、投影面垂直线（一个积聚、两个实长）等投影特性验证三等关系。

2) 两曲面立体相贯线作图步骤：①判断形体类别并分析相贯线样式；②用细实线补出基本体相贯后可知部分的投影；③利用在立体表面找点的方法和辅助平面法完成特殊点（确定交线范围）和中间点（确定弯曲方向）等共有点的找取；④判断可见性并光滑连线；⑤分析基本体轮廓并擦去多余图线；⑥检查无误后将最后结果加粗，完成全图。

3-37 完成下列曲面立体表面交线的投影（续）。

(7)　　　　　　　　　　(8)　　　　　　　　　　　　　　(9)　　　　　　　　　　　　(10)

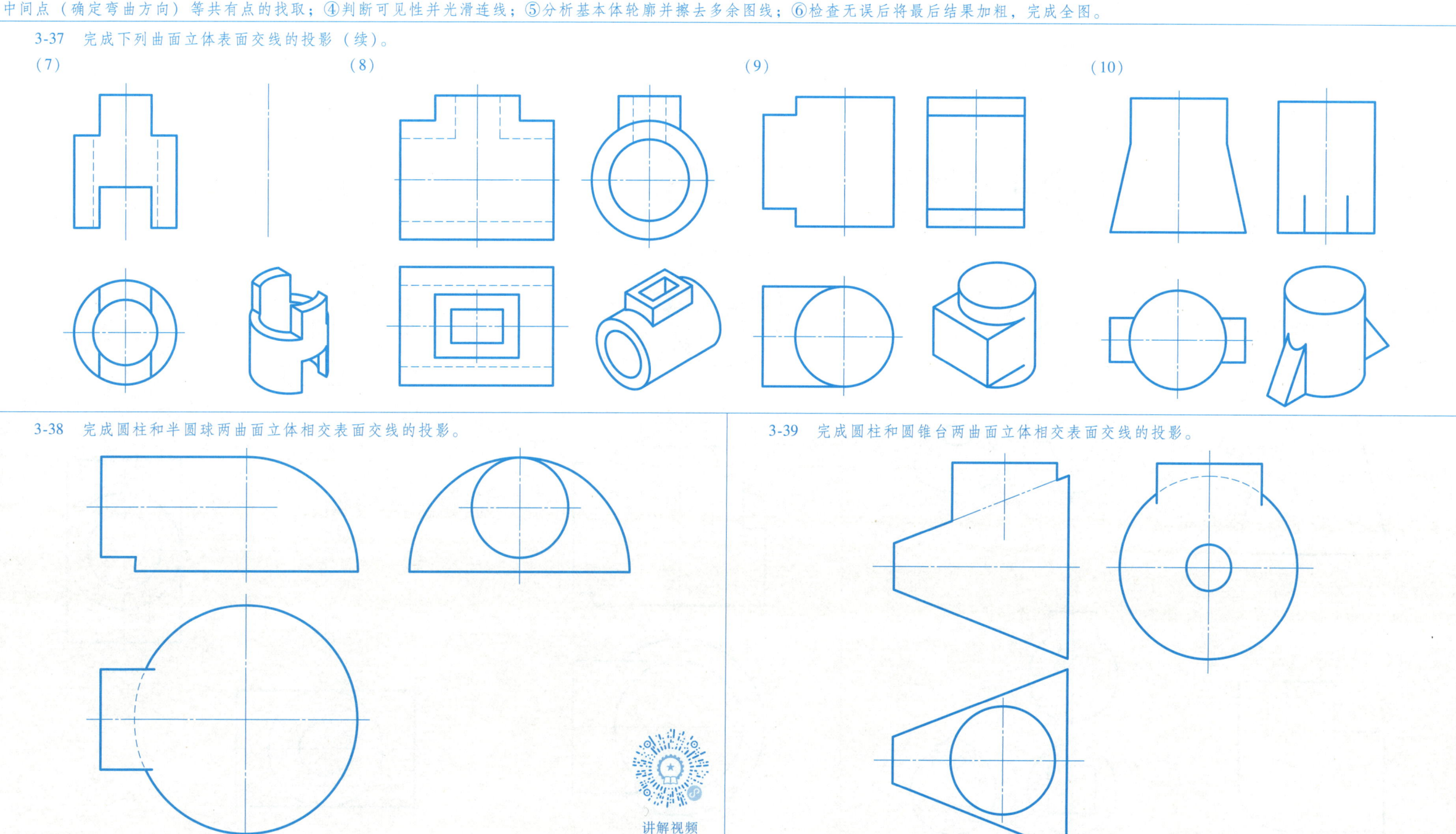

3-38 完成圆柱和半圆球两曲面立体相交表面交线的投影。

3-39 完成圆柱和圆锥台两曲面立体相交表面交线的投影。

讲解视频

班级： 姓名： 学号：

3.2 实践练习

注意事项：
1) 分析特殊相贯线的空间形状及投影。
2) 多体相贯时明确两个立体相交的部分，判断相贯线的位置及形状。

3-40 完成下列立体表面特殊交线的投影。

(1)

(2)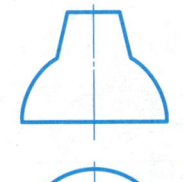

(3)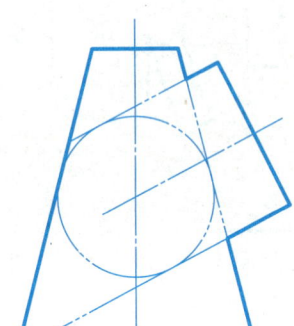

(4)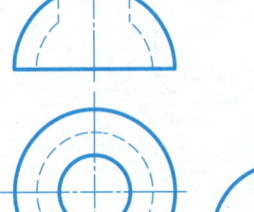

(5)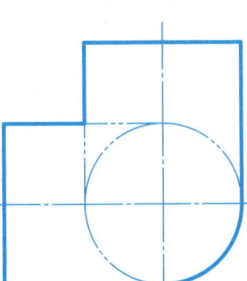

(6)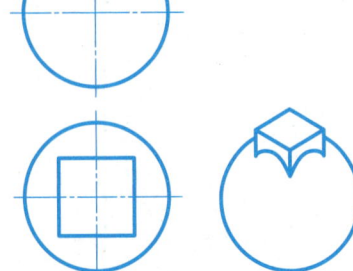

3-41 完成相交立体的投影。

(1)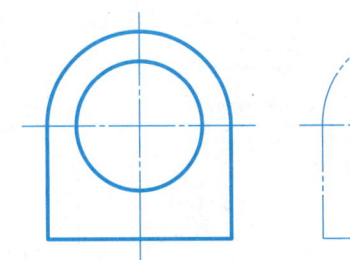

(2)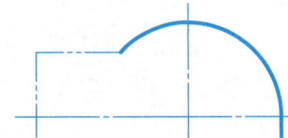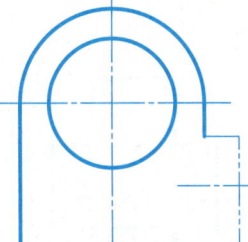

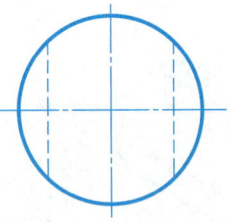

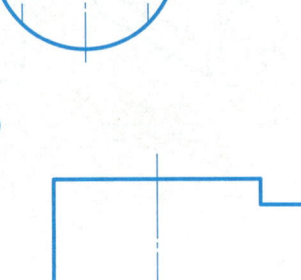

(3)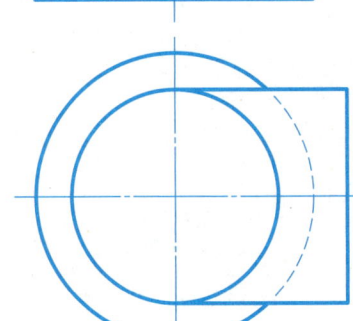

(4)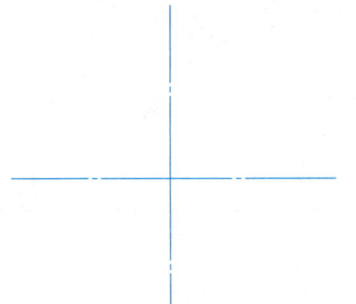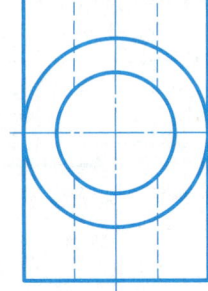

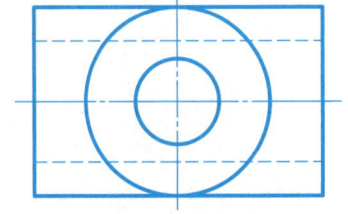

· 22 ·

第 4 章 组合体

4.1 内容导学

一、知识框架

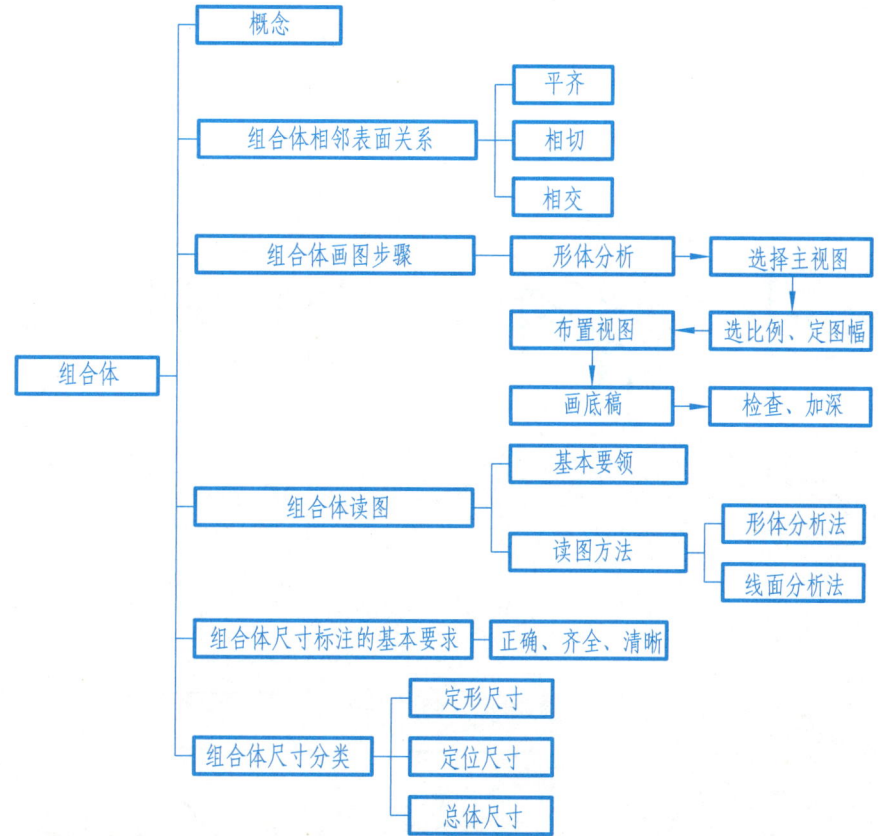

二、知识要点

1. 组合体概念

组合体是由若干基本几何体组合而成的复杂立体。

2. 组合体相邻表面关系

1）平齐：两表面共面，因此不存在界线。

2）相切：两表面相切处为光滑过渡，不应画出切线投影。

3）相交：表面相交必然产生交线。平面与平面相交产生直线，平面与曲面相交形成截交线，曲面与曲面相交形成相贯线。

3. 组合体画图步骤

1）形体分析。

2）选择主视图。

3）选比例、定图幅。

4）布置视图。

5）画底稿。

6）检查、加深。

4. 组合体读图基本要领

1）从反映形体特征的视图入手，将各个视图联系起来看。

2）明确视图中图线和线框的含义。

3）将想象的形体与给定视图反复对照。

5. 组合体读图方法

1）形体分析法：在视图上将组合体进行分离，然后按照投影对应关系，想象出每个简单形体的形状，最后根据各部分的相对位置和组合关系，综合归纳想象出整体。

2）线面分析法：通过分析视图中的线条和面框来理解物体空间结构，主要用于解读复杂零件的形状、位置关系及投影规律。

6. 组合体尺寸标注的基本要求

1）正确：符合国家标准中尺寸标注的一般规定。

2）齐全：不多余，也不遗漏，每个尺寸仅标注一次。

3）清晰：便于看图。

7. 组合体尺寸分类

1）定形尺寸：确定组合体上各基本几何体大小的尺寸。

2）定位尺寸：确定组合体上各基本几何体之间相对位置的尺寸。

3）总体尺寸：确定组合体总长、总宽、总高的尺寸。

4.2 实践练习

注意事项：
1) 读图时，注意观察形体的形状特征和不同结构的位置特征。
2) 注意观察点画线的绘制：圆的视图必须绘制十字交叉点画线，回转体的非圆视图必须绘制表示回转轴线的点画线，对称形体必须绘制表示对称的点画线。

4-1 选择立体对应的三视图，将字母填写在括号中。
(1) 正确的三视图是（　　）。(2) 正确的三视图是（　　）。(3) 正确的三视图是（　　）。

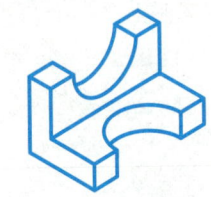  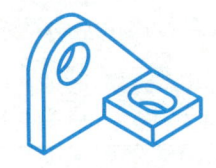

(4) 正确的三视图是（　　）。　　(5) 正确的三视图是（　　）。

A. 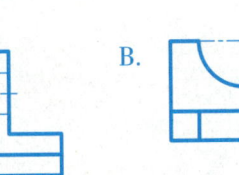　B. 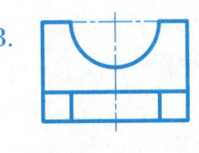　C.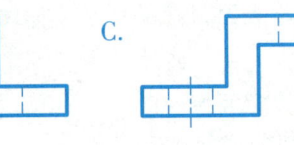

D. 　E. 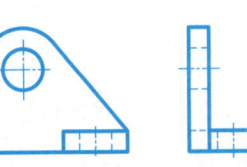　F.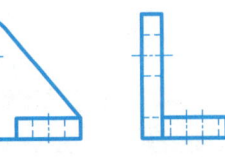

G. 　H. 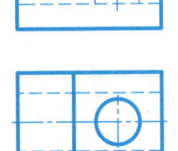　I.

4-2 选择正确的俯视图，将字母填写在括号中。
(1) 正确的俯视图是（　　）。　　(2) 正确的俯视图是（　　）。

 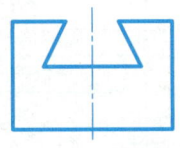 

A. 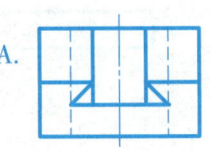　　A.

B. 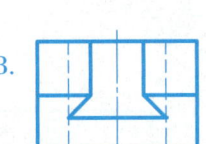　　B.

C. 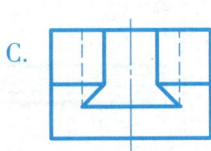　　C.

(3) 正确的俯视图是（　　）。　　(4) 正确的俯视图是（　　）。

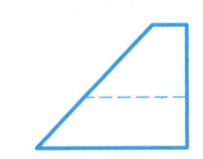 

A. 　　A.

B. 　　B.

C. 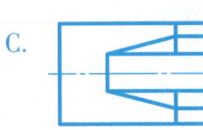　　C.

· 24 ·

4.2 实践练习

注意事项：
1) 根据立体图分析形体组成结构，然后观察每部分的相互位置关系和交线情况。
2) 用 HB 或 2H 铅笔按照长对正、宽相等、高平齐的投影规律用细线打底稿；根据立体图和投影规律检查，检查无误后用 2B 铅笔加深。
3) 第（4）小题中上方形体的宽度尺寸为 9mm。

4-3 参照给定的视图及立体图标注的尺寸完成另外两个视图。

(1)

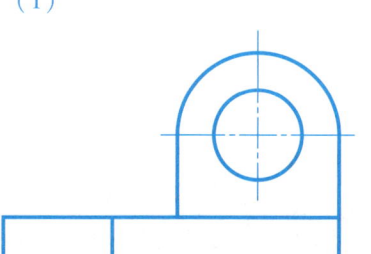

(2)

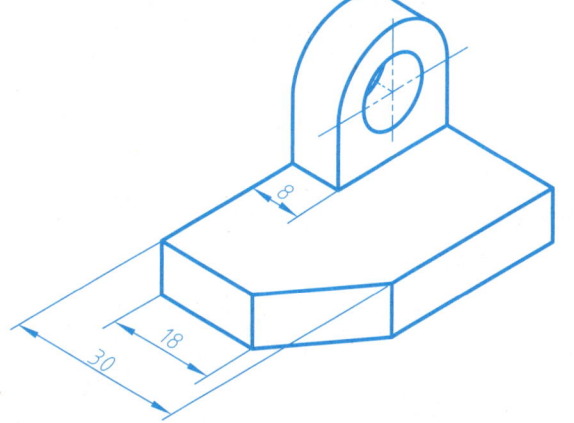

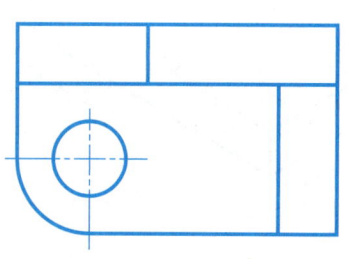

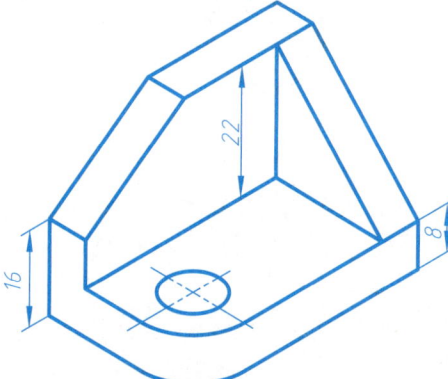

(3)

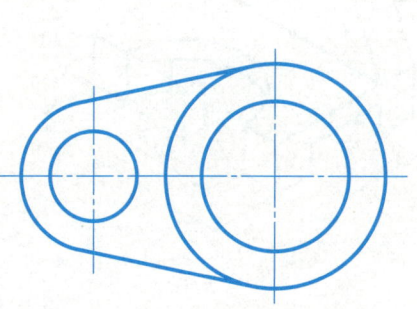

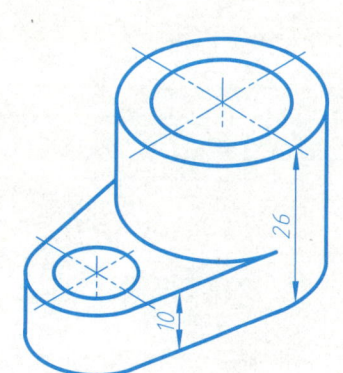

(4)

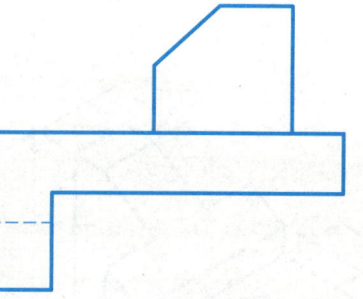

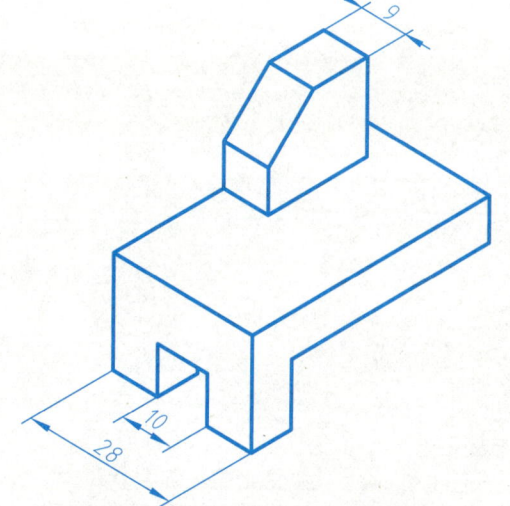

4.2 实践练习

注意事项：
1）依据图中标注的实际尺寸绘制三视图，所有标注的尺寸单位均为毫米（mm）。
2）对于第（2）小题中标注的"2×φ8"意味着有两个圆，每个圆的直径为8mm。
3）在开始绘制三视图之前，可根据提供的尺寸计算出总高、总长和总宽，确保三视图不与右侧的立体图重叠。

4-4 根据组合体的轴测图，按1∶1的比例画出三视图，不标注尺寸。

(1)

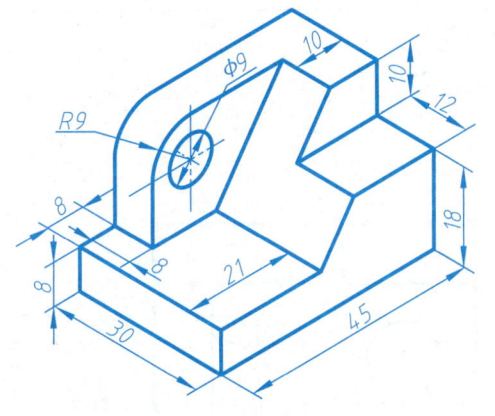

(2)

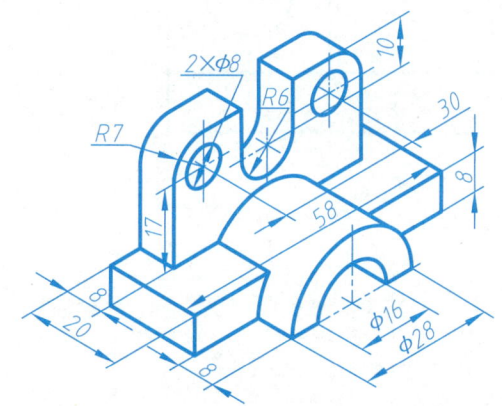

(3)

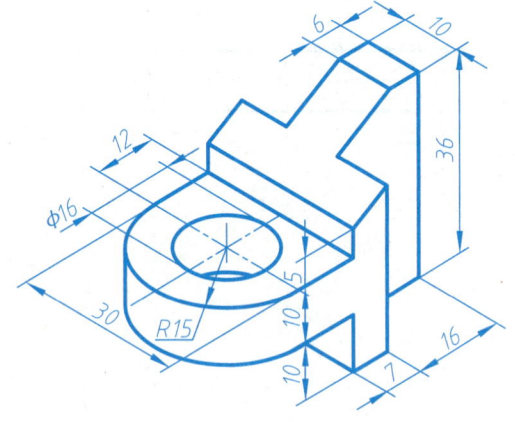

(4)

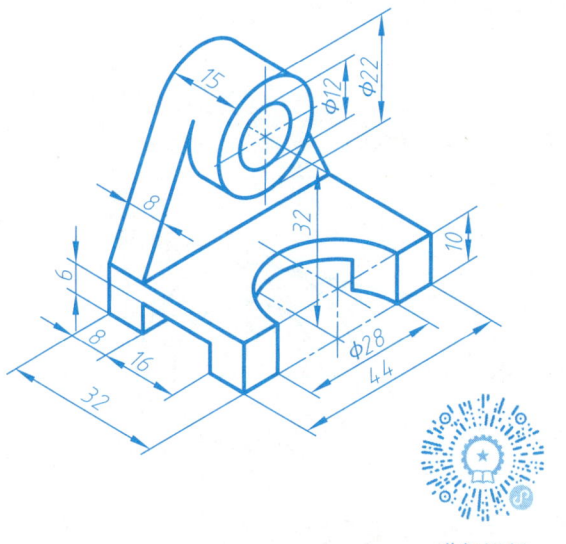

4.2 实践练习

注意事项：
1）需要综合多个视图来想象物体的整体形状。
2）深入分析各平面之间的相对位置。
3）运用线面分析法，特别是在处理被投影面垂直面截切的组合体时，要细致分析投影面垂直面的形状及其在各个视图中的投影特性。

4-5 读懂两视图，画出第三视图，比较 A、B 两平面的方位、并填空。

(1)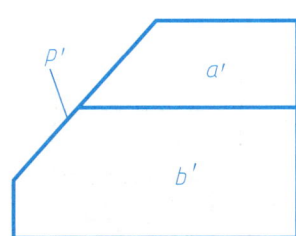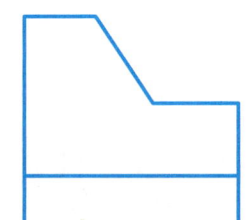

平面____在平面____前方。

(2)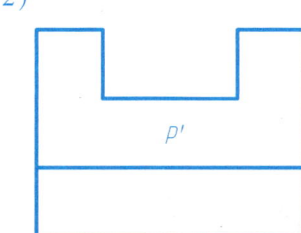

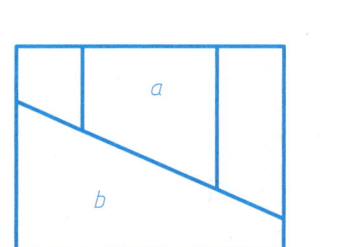

平面____在平面____上方。

(3)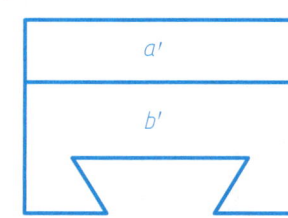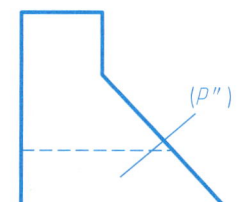

平面____在平面____前方。

(4)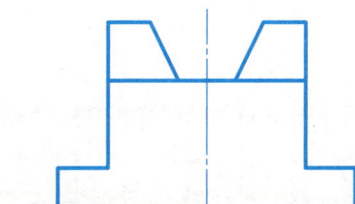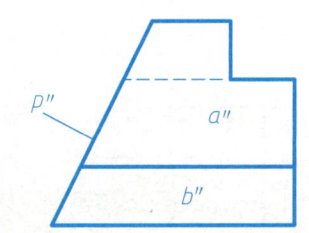

平面____在平面____右方。

(5)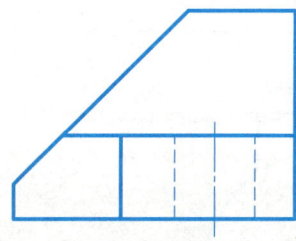

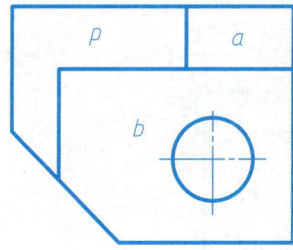

平面____在平面____上方。

讲解视频

(6)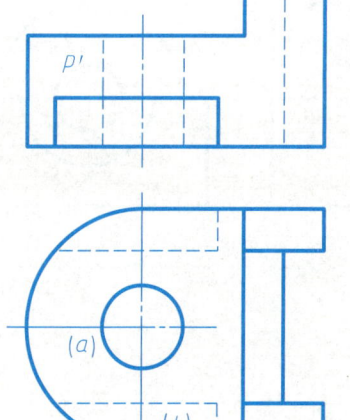

平面____在平面____下方。

班级： 姓名： 学号：

4.2 实践练习

注意事项：
1）绘制所缺视图时应重点考虑组合体的对称性，并准确绘制中心线和回转轴线。
2）对于第（1）小题，要特别注意左视图中肋板与圆柱相交的交线及相切表面的投影，其中交线投影可参考 21 页 3-37 题第（10）小题的绘制方法。
3）运用形体分析法，将复杂的组合体分解为基本形体，分析它们之间的组合方式和连接关系。

4-6 读懂两视图，画出第三视图。

(1) (2) (3)

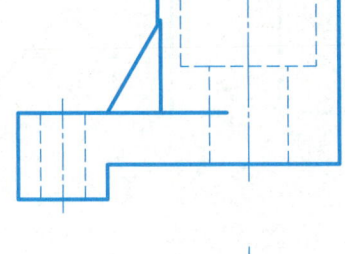

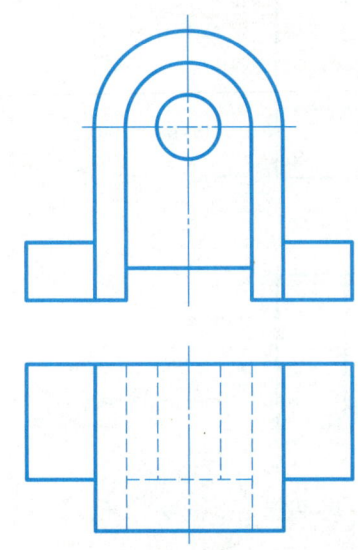

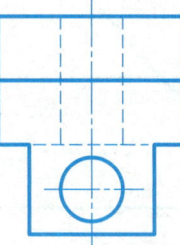

(4) (5) (6)

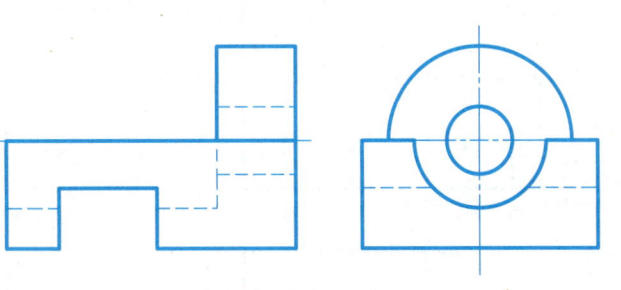

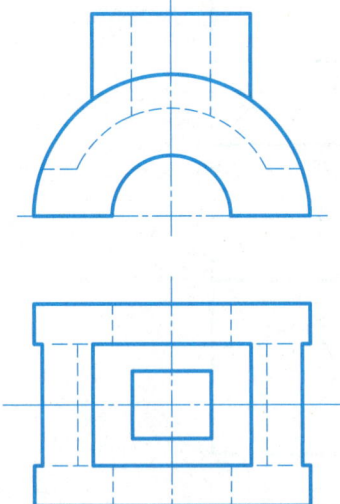

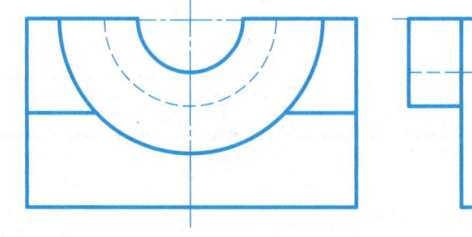

班级： 姓名： 学号：

4.2 实践练习

注意事项：

1) 注意相切表面的投影绘制。
2) 找到特征视图，理解视图中图线和线框的含义。
3) 第（6）小题的答案不是唯一的，不同的组合方式可以得到不同的结果。在绘制其他答案时，请确保所选的组合方式既符合题目要求，又符合实际情况。

4-7 读懂两视图，画出第三视图。

（1）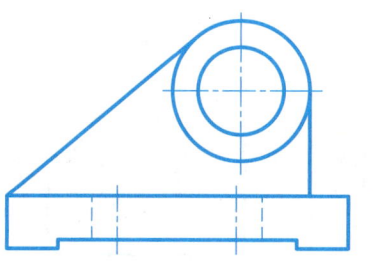
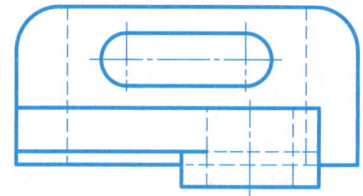

（2）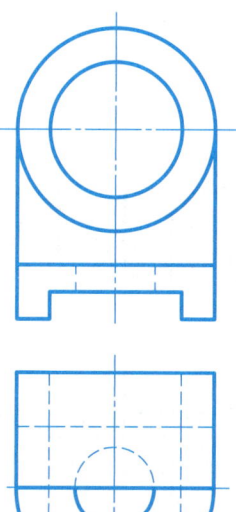

（3）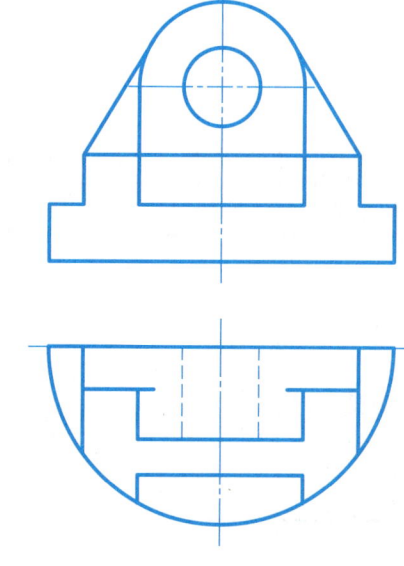

（4）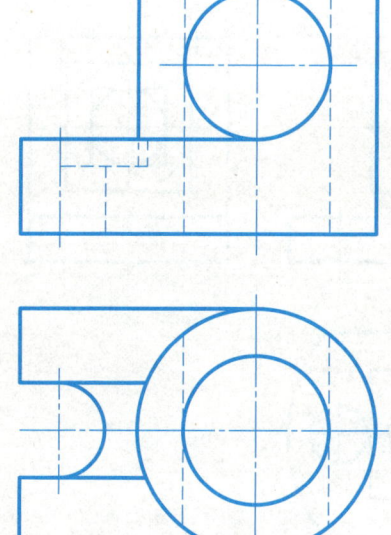

（5）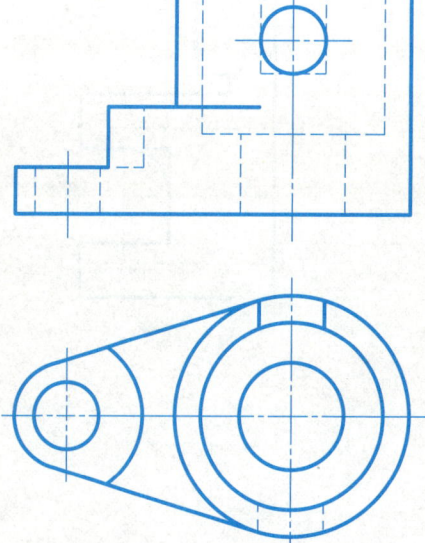

（6）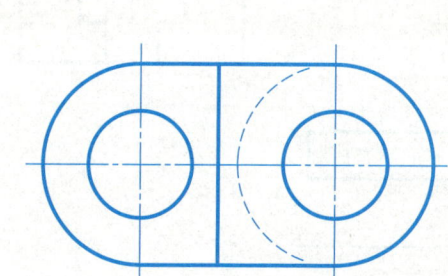

你能想出几种答案？

· 29 ·

班级：　　　姓名：　　　学号：

4.2 实践练习

注意事项：
1) 注意观察图形的整体结构和各个部分之间的联系，细致审查图形，找出缺失的线条。
2) 补线的目的是要使图形更加清晰，因此要确保补线后图形的表达更加明确。
3) 补线完成后，需要重新检查图形，确保所有必需的线条都已补充完整，没有遗漏。

4-8 补画视图中所缺图线。

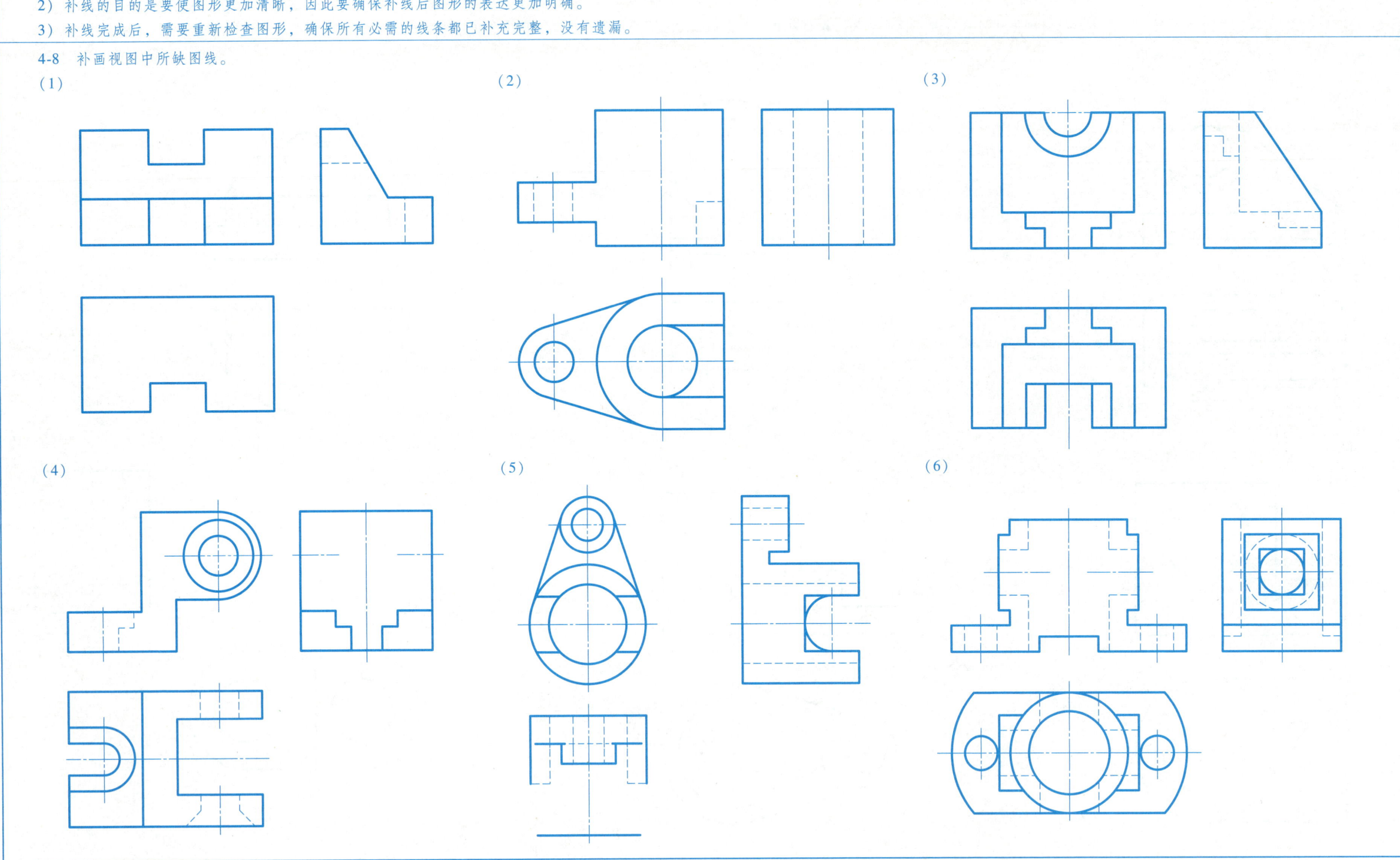

4.2 实践练习

注意事项：

1) 在补注尺寸时，必须严格遵循国家标准中关于尺寸标注的相关规定和要求。
2) 表示同一结构的尺寸或有联系的尺寸，应集中注在一个视图上。
3) 平行的尺寸要按"小尺寸在里，大尺寸在外"的原则标注；同方向的尺寸要排列整齐，不要错开。
4) 第（1）（2）（5）小题均有4个漏注尺寸，第（3）（4）（6）小题均有6个漏注尺寸。

4-9 补全图中漏注的尺寸，尺寸数值按1：1的比例量取并取整数。

(1)

(2)
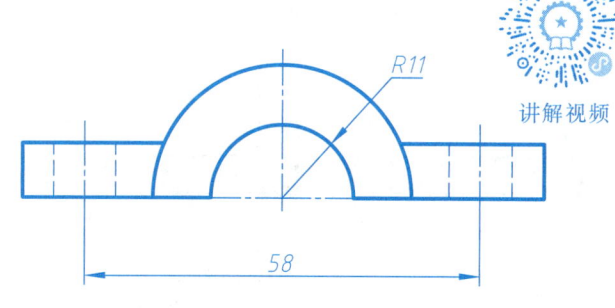
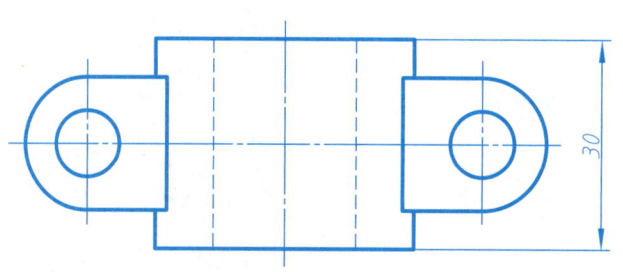

(3)
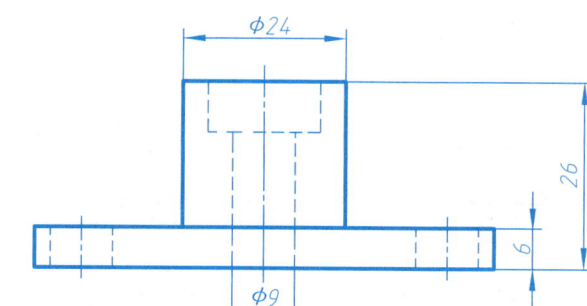
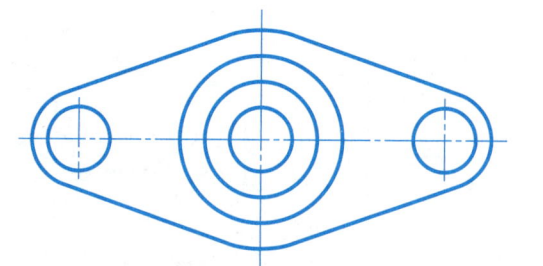

(4)
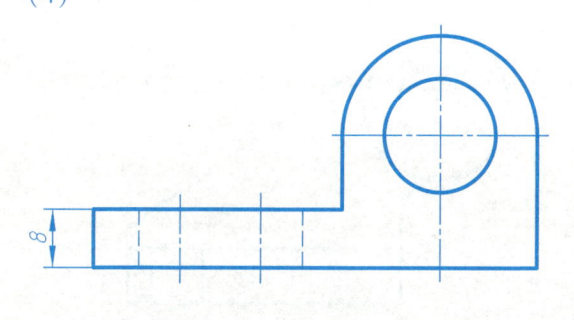
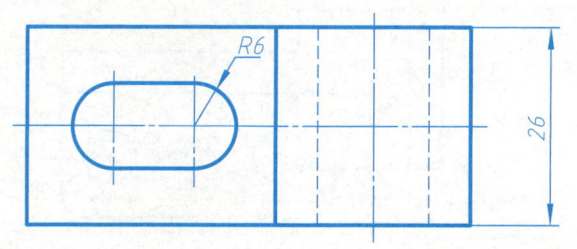

(5)
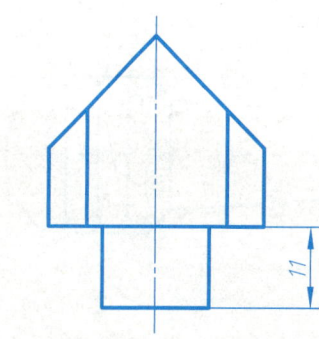
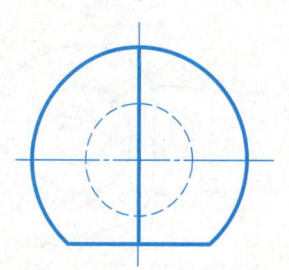

(6)
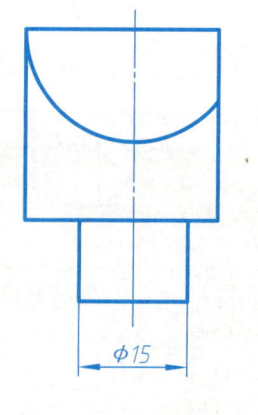
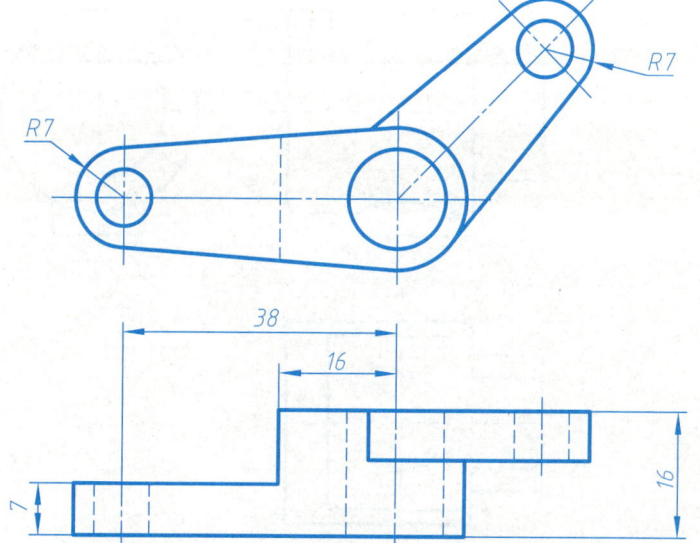

班级：　　　　姓名：　　　　学号：

4.2 实践练习

注意事项：
1）尺寸标注应正确、完整、清晰。
2）注意尺寸基准，能够分辨定形尺寸、定位尺寸和总体尺寸。

4-10 标注下列组合体的尺寸，第（1）（2）小题按立体图给出的尺寸进行标注，其余小题尺寸数值从图中按1:1的比例量取并取整数。

(1)　　　　　　　　　　　　　　　　　　　　　　　　(2)

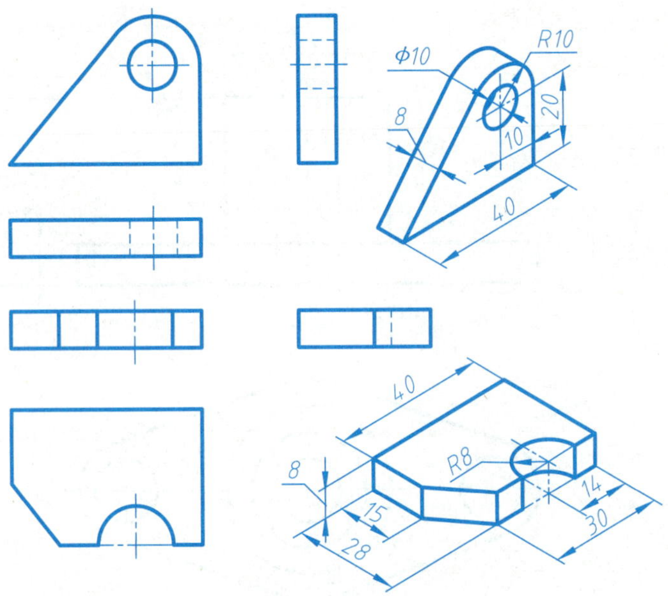

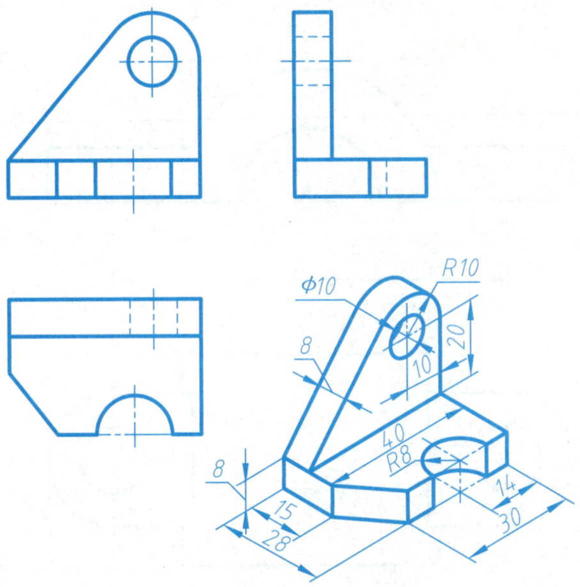

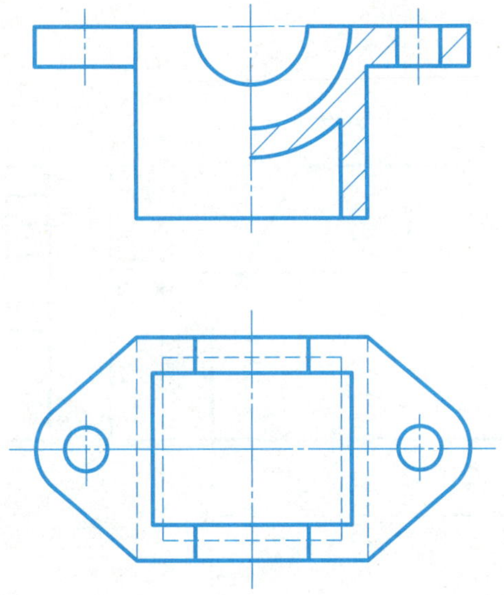

(3) 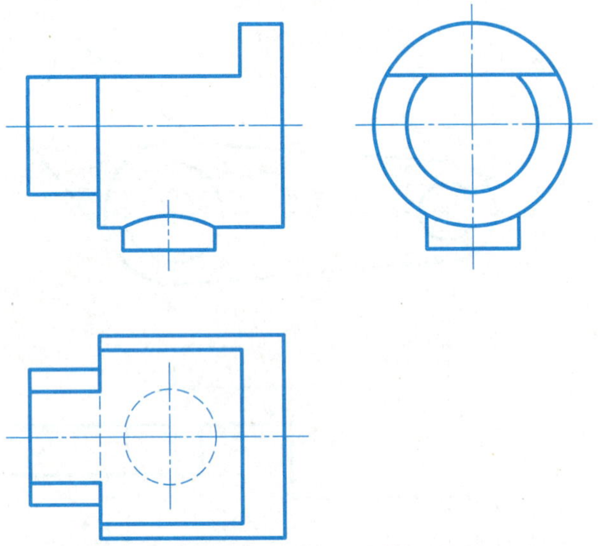　　　　　　　　　　(4) 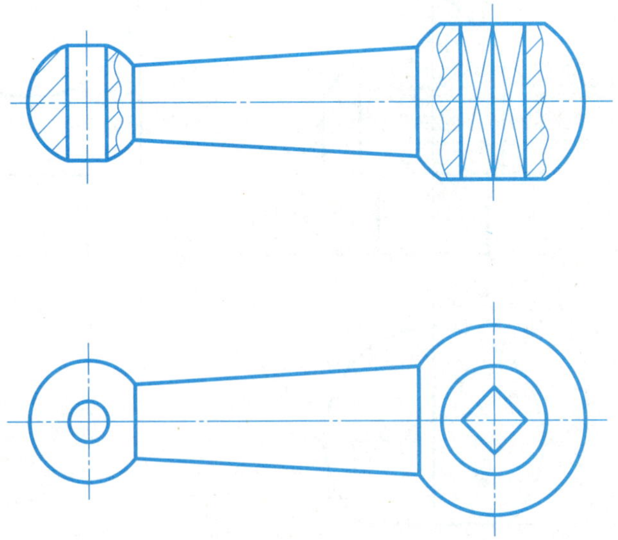　　　　　　　　　　(5)

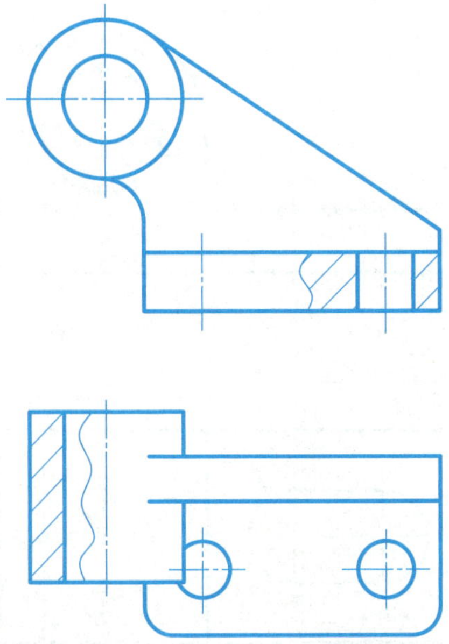

第5章 轴测图

5.1 内容导学

一、知识框架

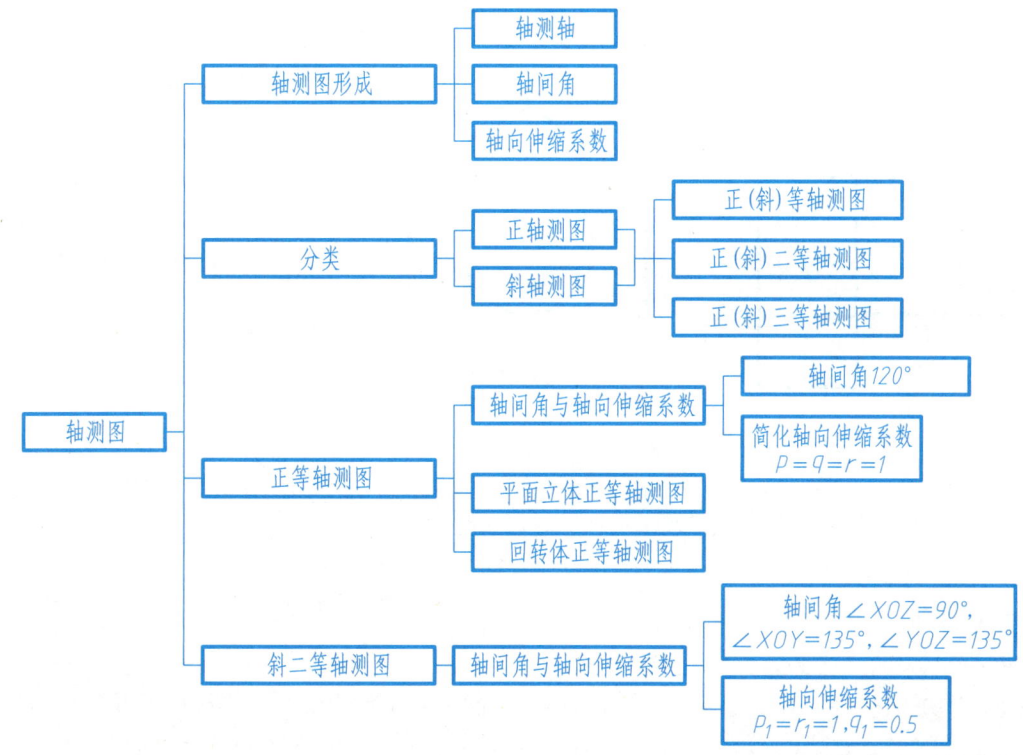

二、知识要点

1. 轴测图形成

用平行投影法将物体连同确定其空间位置的直角坐标轴一起沿不平行于任何坐标平面的方向投射到一个投影面上,得到的投影称为轴测投影,又称为轴测图。

2. 分类

1) 正轴测图:投射方向与轴测投影面垂直。根据轴向伸缩系数的不同,分为正等轴测图、正二等轴测图、正三等轴测图。

2) 斜轴测图:投射方向与轴测投影面倾斜。根据轴向伸缩系数的不同,分为斜等轴测图、斜二等轴测图、斜三等轴测图。

机械图样中主要使用正等轴测图和斜二等轴测图。

3. 正等轴测图

1) 参数为轴间角和轴向伸缩系数。

轴间角:正等轴测图的轴间角均为120°。

轴向伸缩系数:各轴向伸缩系数都相等,均约为0.82,即$p=q=r\approx 0.82$。在实际作图中,需要把每个轴向尺寸乘以轴向伸缩系数0.82后画出,很不方便,为了简化作图,常采用简化轴向伸缩系数,即取$p=q=r=1$。

2) 平面立体正等轴测图:根据物体与坐标系的相对位置,把决定物体形状的有关顶点或线段的端点的轴测投影画出,再按这些点的原有关系把它们的投影连起来。

3) 回转体正等轴测图:采用四心圆弧的近似画法,确定轴测轴方向(夹角为120°)并按1:1的比例严格沿轴测轴绘制线条。

4. 斜二等轴测图

轴间角:因OX、OZ两坐标轴平行于轴测投影面,所以$\angle XOZ=90°$,$\angle XOY=135°$,$\angle YOZ=135°$。

轴向伸缩系数:$p_1=r_1=1$,$q_1=0.5$。

5.2 实践练习

注意事项：
1) 用坐标法绘制正等轴测图时，注意选择合适的坐标原点和坐标轴。
2) 绘制圆的正等轴测图时，为了避免绘制错误，应先在投影中作圆的外接正方形。

5-1 画出下列立体的正等轴测图。

（1）

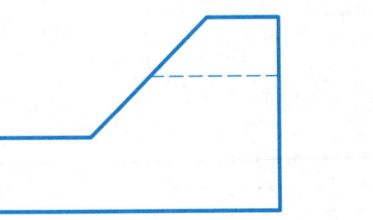
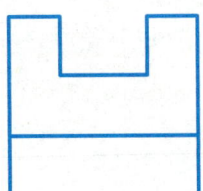
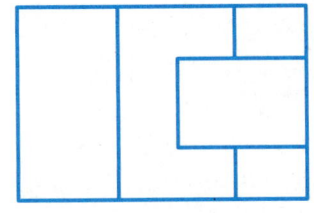

（2）

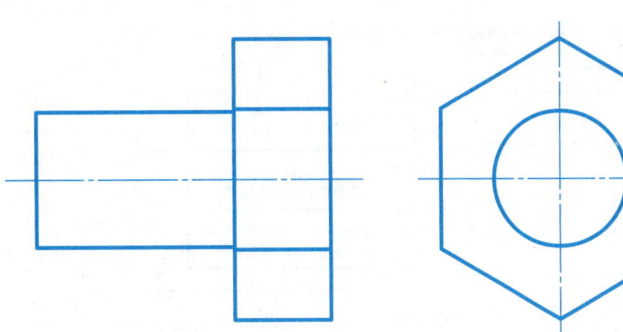

讲解视频

（3）

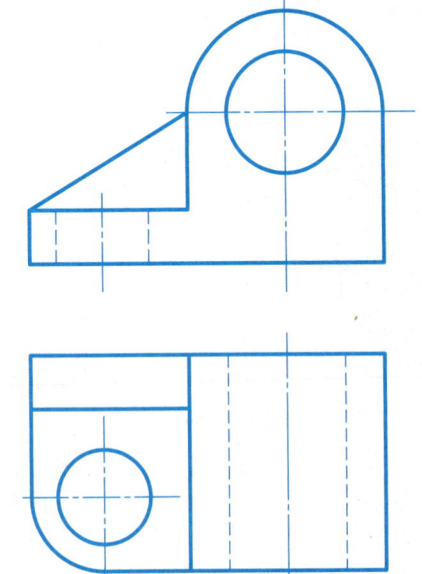

（4）

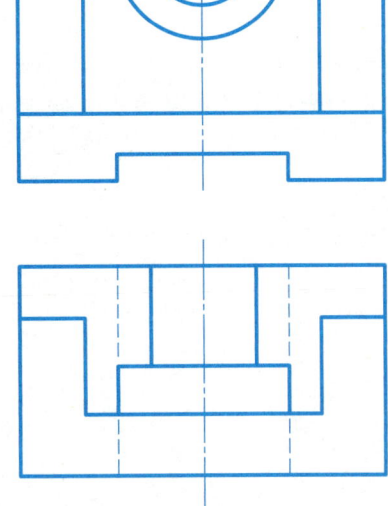

5.2 实践练习

注意事项：
1) 具体尺寸可根据点阵来绘制。
2) 徒手绘制正等轴测时注意轴测轴的方向。

5-2 根据立体的三视图，参考点阵徒手画出正等轴测图。

（1）

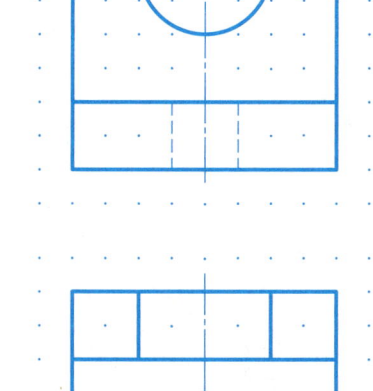

（2）

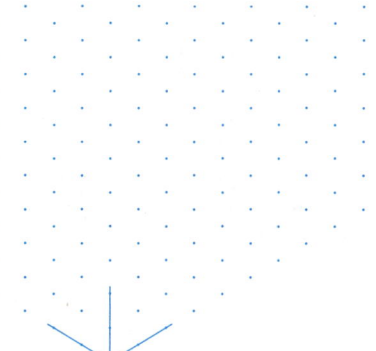

（3）

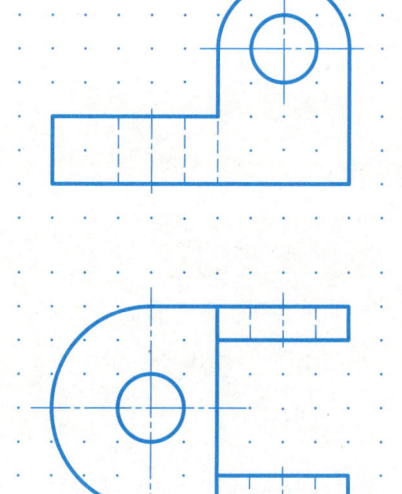

（4）

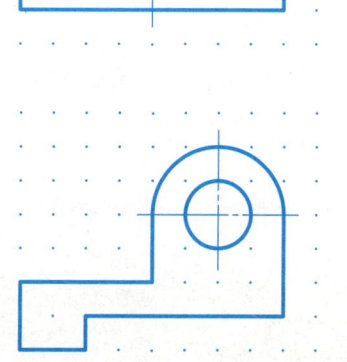
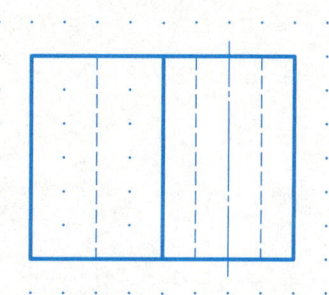

班级： 姓名： 学号：

5.2 实践练习

注意事项：
1) 画斜二等轴测图时需注意轴向伸缩系数 $p=r=1$，而 $q=0.5$。
2) 在绘制圆的斜二等轴测图时注意平行于 XOZ 坐标面的圆，其斜二等轴测投影仍为直径相等的圆。

5-3 画出立体的斜二等轴测图。

(1)

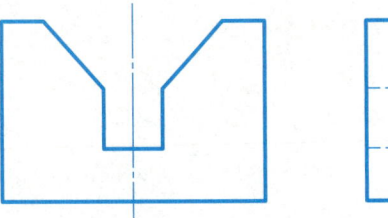

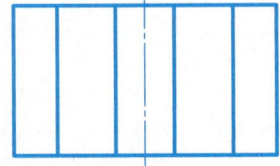

(2)

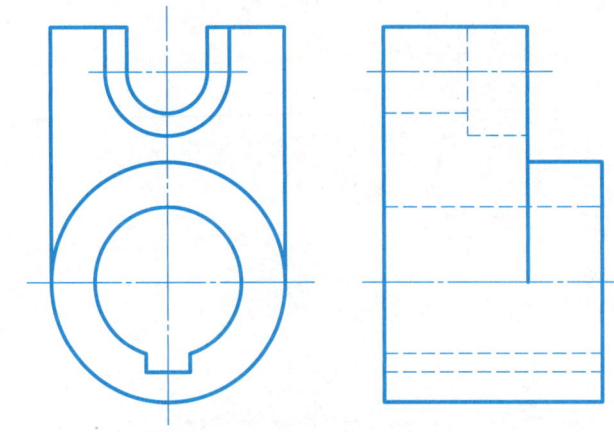

(3)

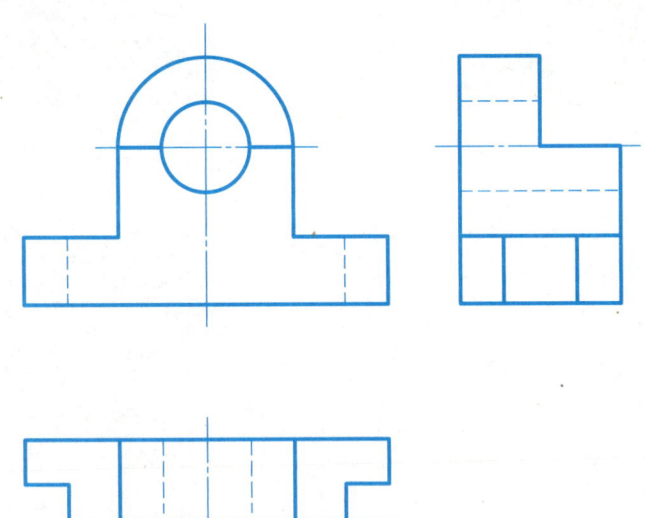

(4)

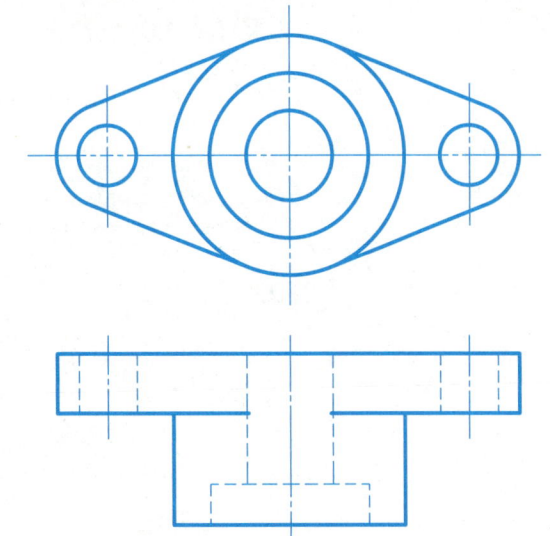

· 36 ·

第6章 机件的表达方法

6.1 内容导学

一、知识框架

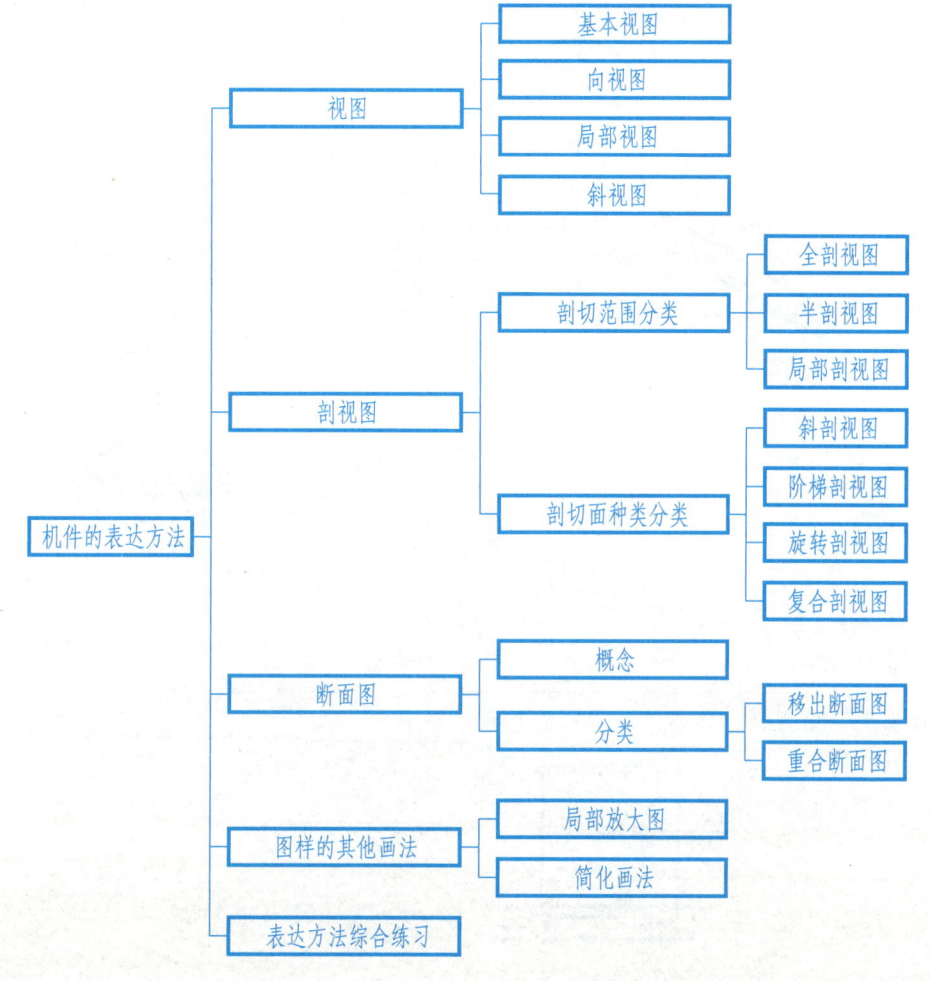

二、知识要点

1. 视图

根据有关标准和规定，应用正投影法所绘制出物体的图形称为视图。

1）基本视图：正六面体的六个面称为基本投影面，物体向基本投影面投影所得的视图称为基本视图。

2）向视图：可以自由配置的基本视图。

3）局部视图：当物体的某一部分形状未表达清楚，又没有必要画出整个基本视图时，只将物体的局部结构形状向基本投影面投影所得的视图。

4）斜视图：物体向不平行于基本投影面的平面投射所得的视图。

2. 剖视图

1）剖切范围分类：根据剖切范围不同，剖视图可分为全剖视图、半剖视图和局部剖视图。

① 全剖视图：用剖切平面将物体完全剖开后所得的剖视图。

② 半剖视图：当物体具有对称平面时，向垂直于对称平面的投影面上投影所得的图形，可以以对称中心为分界，一半画成剖视图以表达内形，一半画成视图以表达外形。

③ 局部剖视图：用剖切平面将物体的局部剖开所得的剖视图。

2）剖切面种类分类：根据物体的结构特点，可选择单一剖切平面、几个平行的剖切平面、几个相交的剖切平面（交线垂直于投影面）剖开物体，得到如下类型的剖视图。

① 斜剖视图：用一个不平行于任何基本投影面但平行于物体的倾斜结构，且垂直于基本投影面的剖切平面剖开物体，将该倾斜结构向平行于该剖切平面的投影面投影所得的剖视图。

② 阶梯剖视图：用几个平行的剖切平面剖开物体所得剖视图。

③ 旋转剖视图：用两个相交的剖切平面剖开物体，将剖到的结构绕交线（轴线）旋转到与投影面平行后再进行投射所得剖视图。

④ 复合剖视图：用几个相交的剖切平面和柱面组合剖切物体所得的剖视图。

无论采用哪种剖切平面剖开物体，均可获得全剖视图、半剖视图和局部剖视图。

3. 断面图

假想用剖切面将物体的某处切断，仅画出该剖切面与物体接触部分的图形称为断面图，简称断面。断面图可分为移出断面图和重合断面图。

1）移出断面图：画在视图剖切部位轮廓之外的断面图。

2）重合断面图：画在视图剖切部位轮廓内的断面图。

4. 图样的其他画法

1）局部放大图：为了清楚地表示物体上某些细小结构，将物体的部分结构用大于原图所采用的比例画出的图形，称为局部放大图。

2）简化画法：简化画法是在不妨碍物体的形状和结构的表达完整、清晰的前提下，力求制图简便、看图方便而制定的。以减少绘图的工作量，提高设计效率及图样的清晰度，加快设计进度。

5. 表达方法综合练习

通过练习能够准确、清晰、完整地表达机械零件的结构和尺寸。

班级：　　　　姓名：　　　　学号：

6.2 实践练习

注意事项：
1) 6-2 题、6-3 题将斜视图旋转配置时，应加注旋转符号，表示斜视图名称的大写拉丁字母应靠近旋转符号的箭头端。
2) 6-2 题~6-4 题注意波浪线为细实线，用来表示实际断裂痕迹，不可超出实体轮廓。

6-1 根据主、俯、左视图，作出右、仰、后视图。

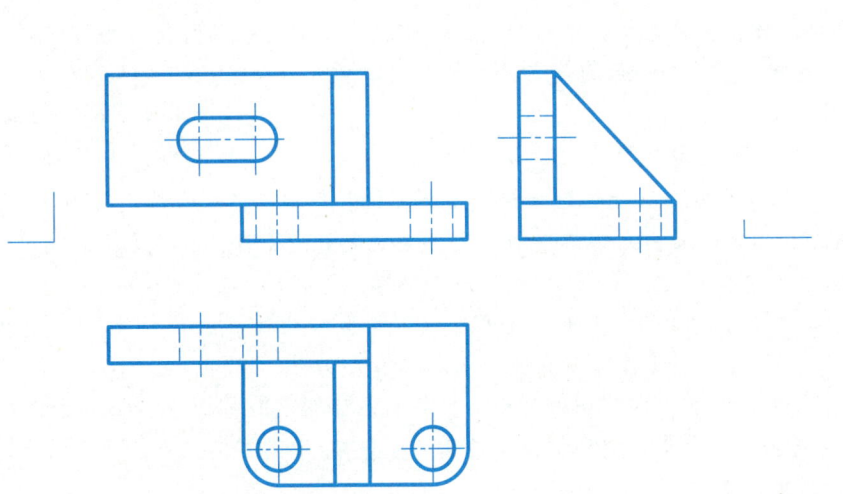

6-2 根据主视图，参照轴测图，作出 A 向局部视图和 B 向斜视图，并加标注。

6-3 根据主、俯视图，作出 A 向斜视图。

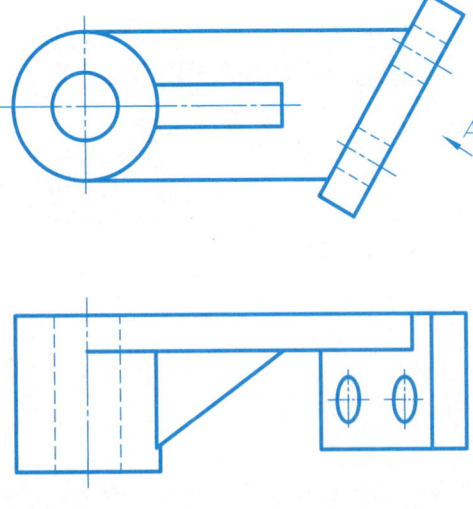

6-4 根据主、俯视图，作出 A 向局部视图和 B 向视图。

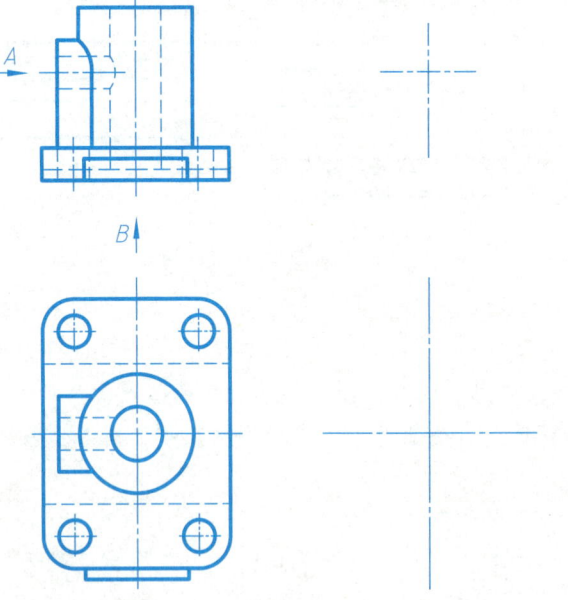

班级:　　　　姓名:　　　　学号:

6.2 实践练习

注意事项:
1) 剖视图中剖面线为细实线,同一形体剖面线的方向和间隔应相同。
2) 6-6 题绘制完成后将主视图与俯视图的外轮廓加深为粗实线。
3) 注意绘制剖视图时,其他视图上已表达清楚的结构形状,其虚线可省略不画。

6-5　根据主、俯视图,作出全剖的左视图。

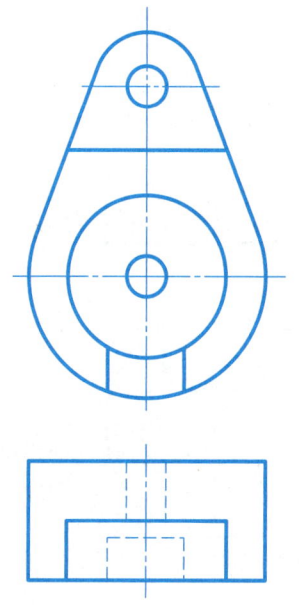

6-6　根据轴测图,把主视图改画成全剖视图,并画出俯视图及左视图。

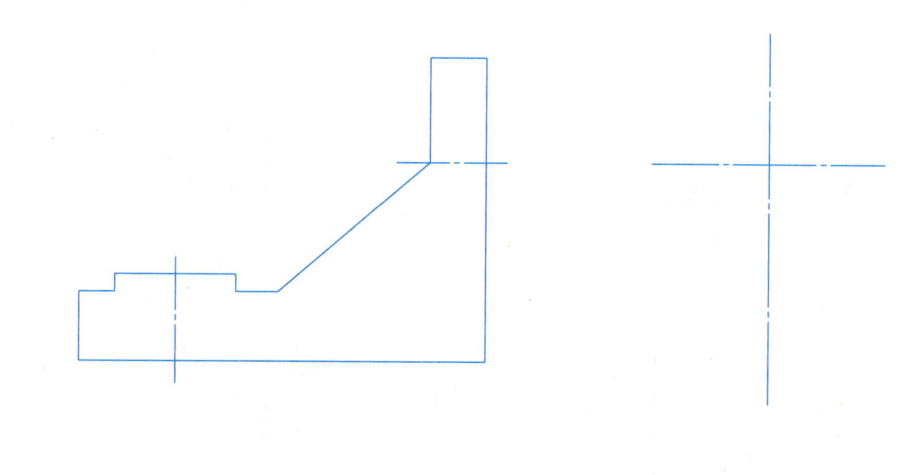

6-7　根据俯、左视图,作出全剖的主视图。

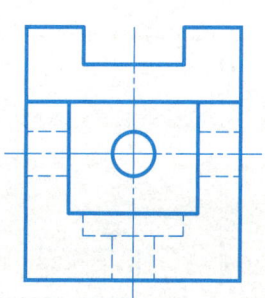

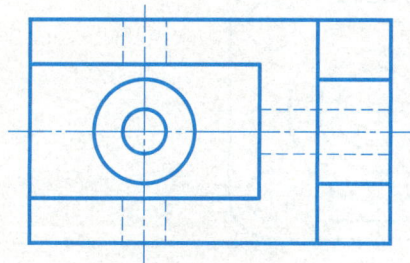

讲解视频

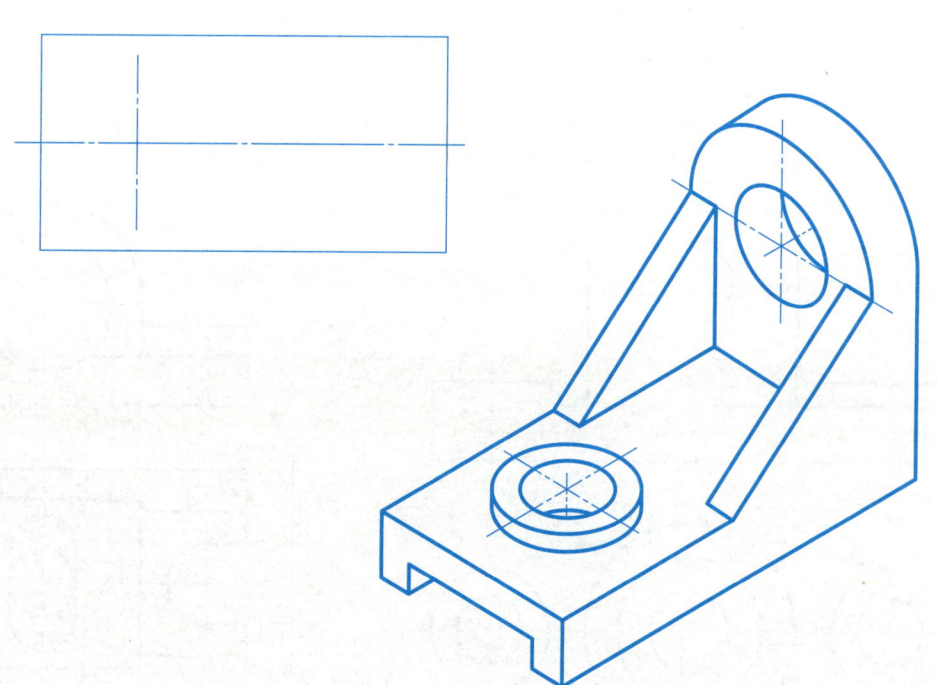

班级：　　　　姓名：　　　　学号：

6.2 实践练习

注意事项：
1) 绘制半剖视图时，视图部分表示内部形状的虚线可省略不画。
2) 注意肋板的不同剖切位置，并确保剖面线被正确绘制。

6-8 根据主、俯视图作出全剖的左视图，注意肋板的画法。

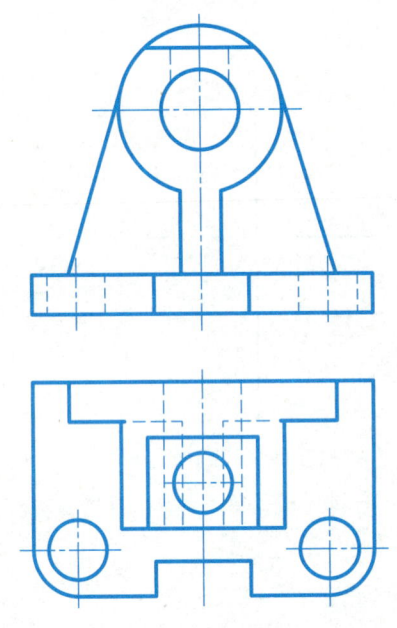

6-9 根据主、左视图作出全剖的俯视图。

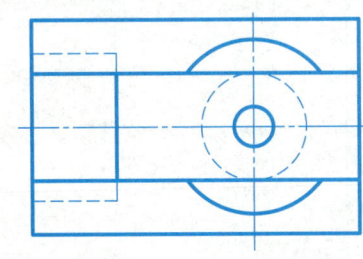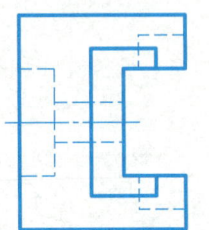

6-10 根据主、俯视图作出全剖的左视图。

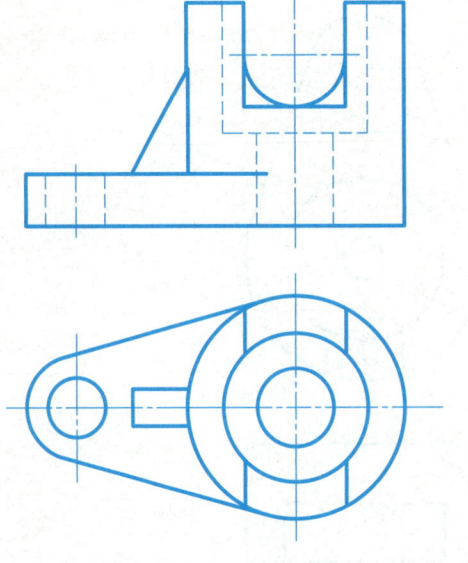

6-11 在主视图的右半部分作出半剖视图。

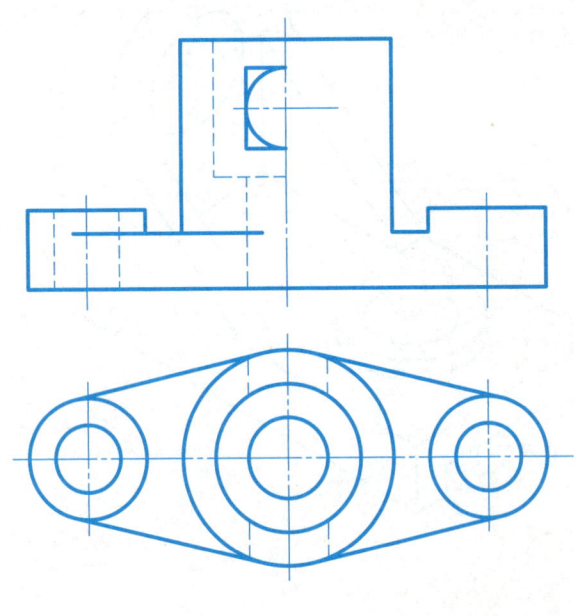

6-12 根据主、俯视图作出半剖的左视图。

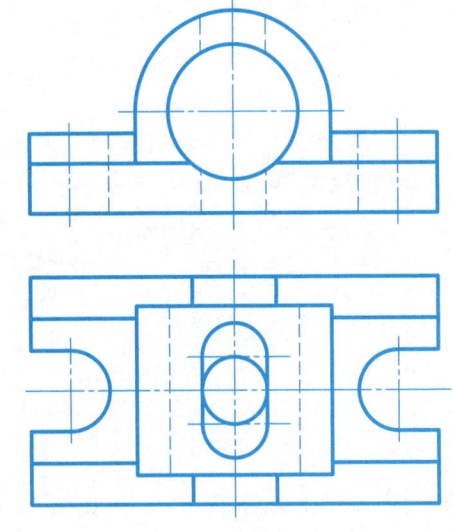

讲解视频

6-13 根据主、俯视图作出半剖的左视图，注意肋板的画法。

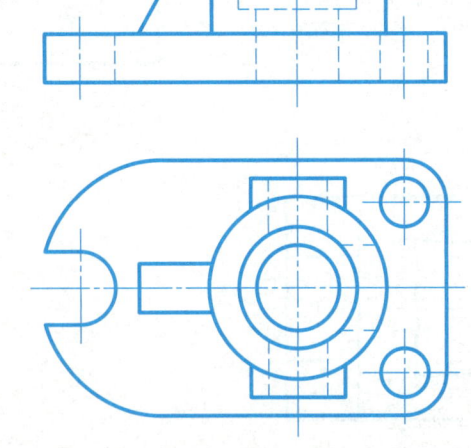

· 40 ·

6.2 实践练习

注意事项：
1) 局部剖视图中波浪线代表了外形轮廓与内部结构之间的分界线。
2) 注意同一物体在各剖视图上的剖面线方向和间隔应保持一致。
3) 在局部剖视图中，波浪线应绘制为细实线，不应穿过可见的孔洞或超出实体边界，且不应延伸至任何线条。

6-14 将主视图和俯视图改画为适当的局部剖视图。

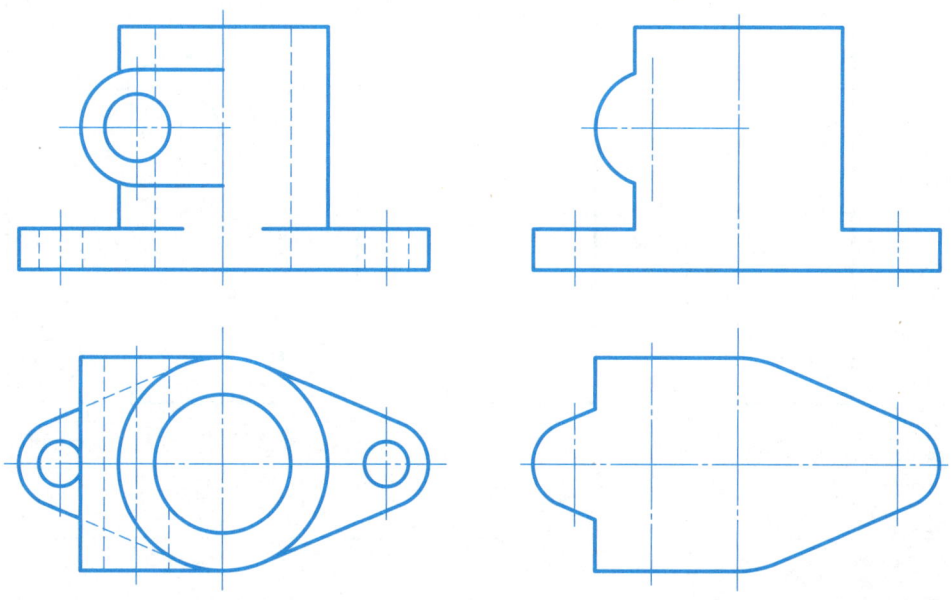

6-15 将主视图和俯视图改画为适当的局部剖视图。

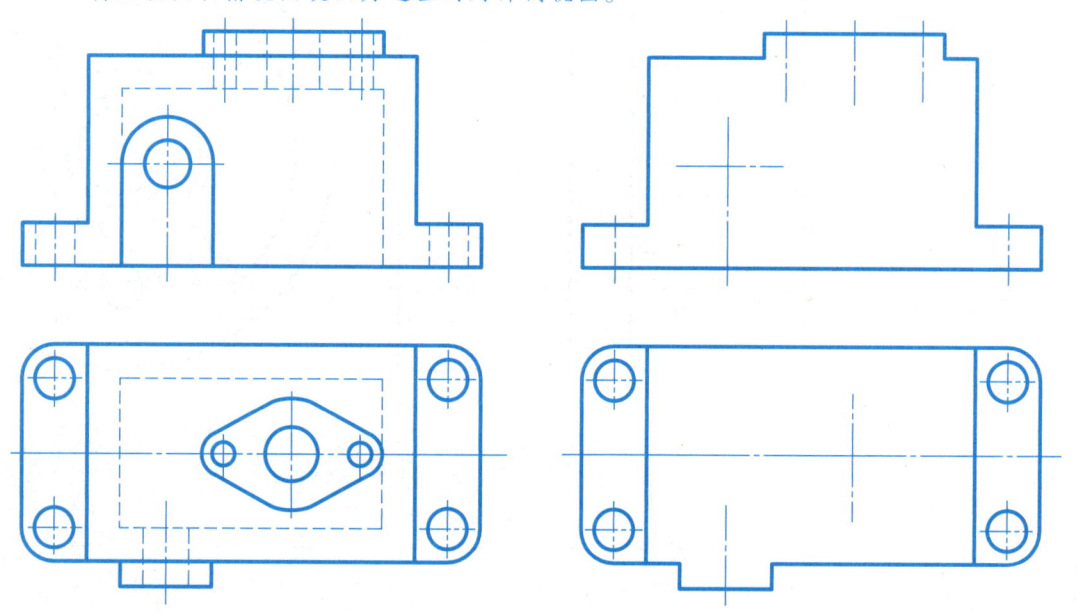

6-16 将主视图改画为适当的局部剖视图。

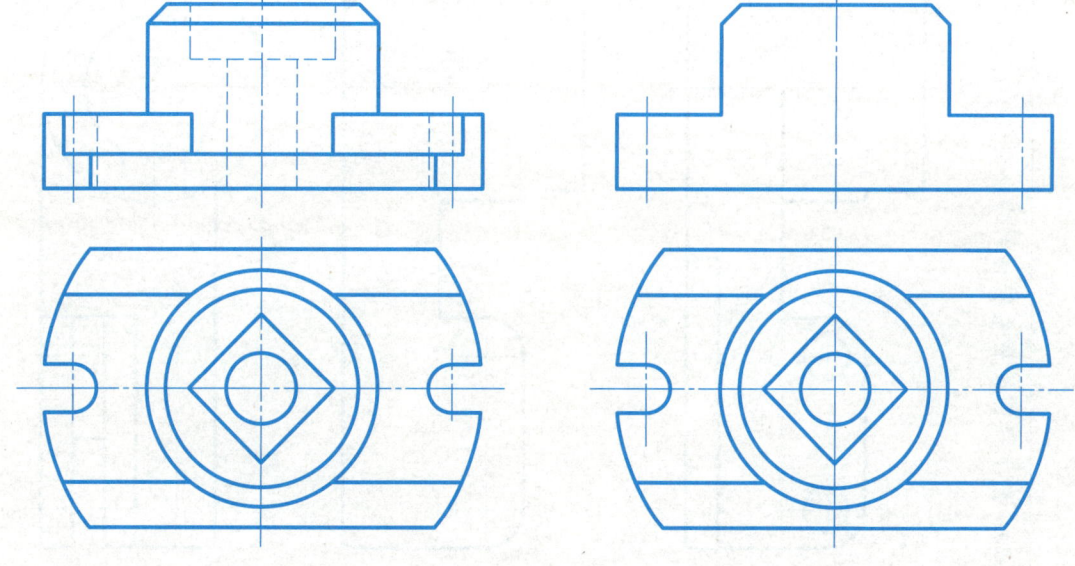

6-17 改正局部剖视图中的错误（不要的线打"×"，缺少的线补上）。

(1) 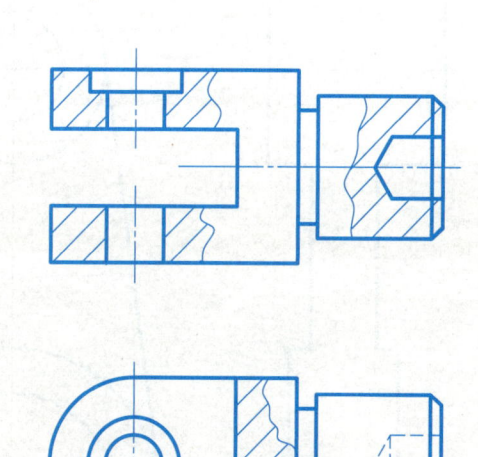　　(2)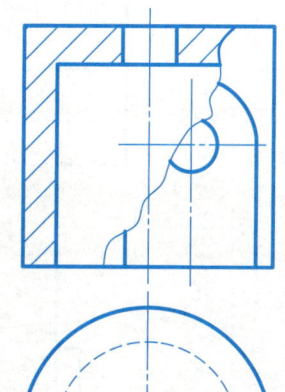

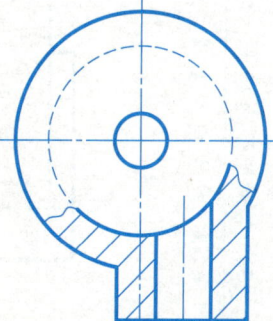

6.2 实践练习

注意事项：

1) 6-22题中的倾斜结构与水平方向夹角为45°，注意斜剖视图中剖面线与水平方向的夹角。
2) 为了使图形更加清晰，剖视图中应省略不必要的虚线。
3) 6-24题、6-25题在复合剖视图中需要旋转剖面时，将投影面垂直面剖到的结构绕交线（轴线）旋转到与投影面平行后再绘制投影。

6-22 求作 A—A 斜剖视图。

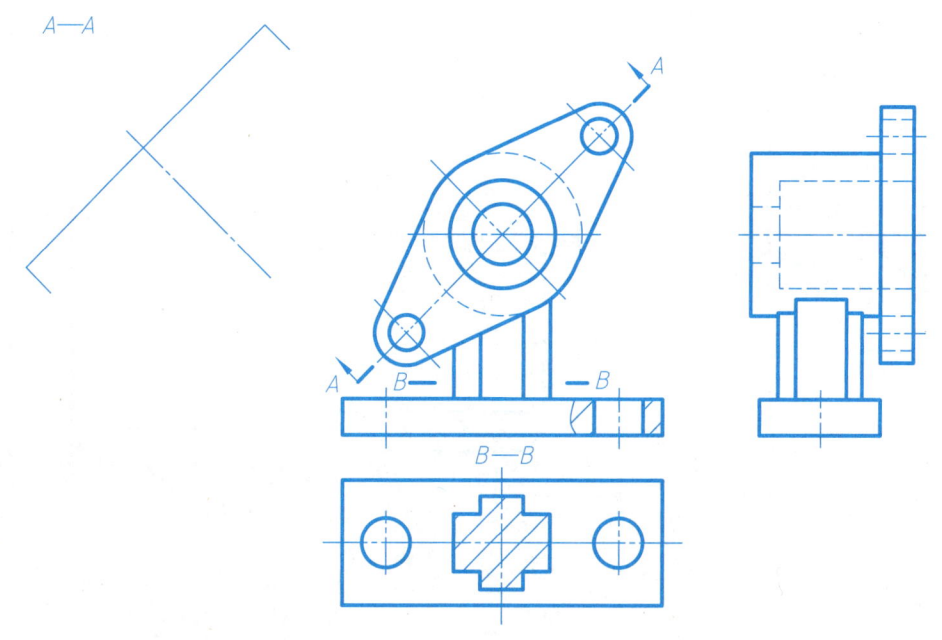

6-23 求作 A—A 全剖视图和 B—B 斜剖视图。

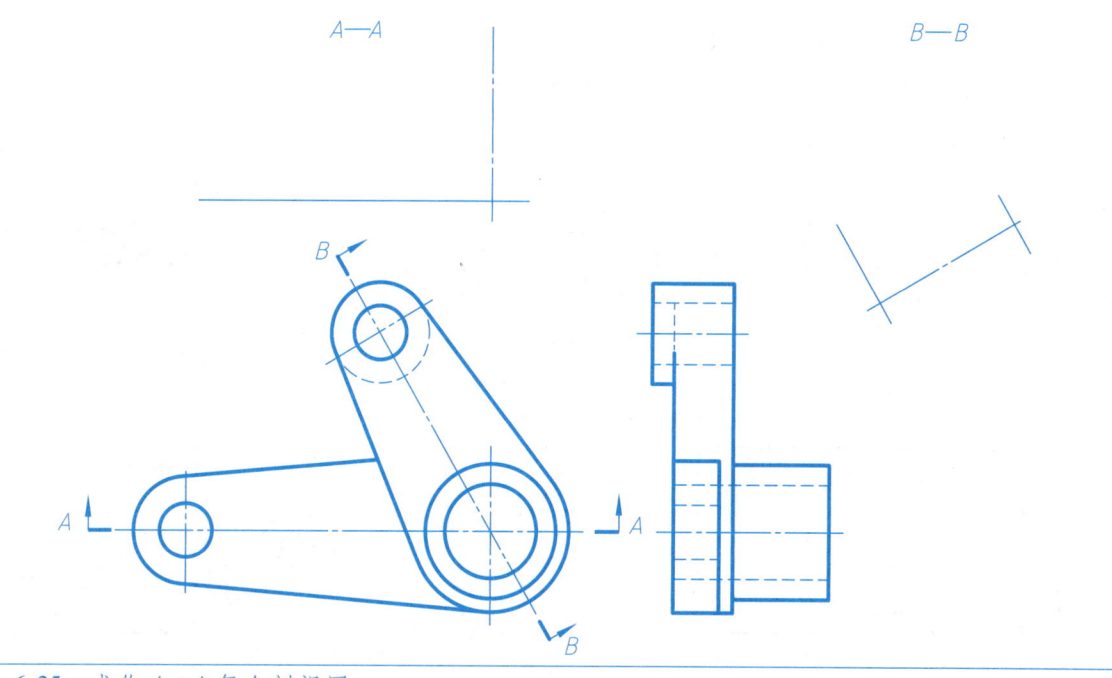

6-24 求作 B—B 复合剖视图。

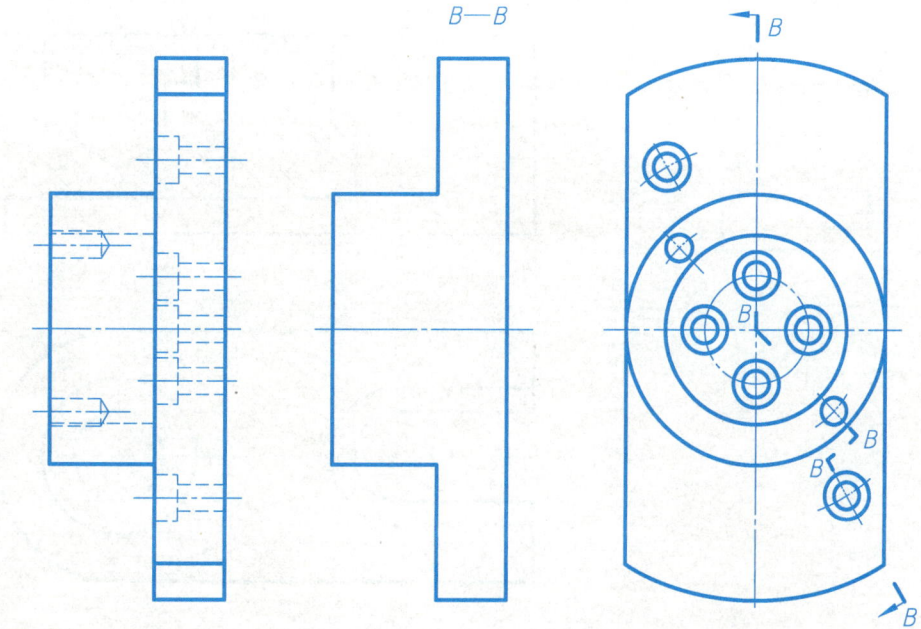

6-25 求作 A—A 复合剖视图。

6.2 实践练习

注意事项：
1) 注意观察图形的整体结构和各部分之间的联系，细致审查图形，找出所缺线条。
2) 补线完成后，需要重新检查图形，确保所有必须存在的线条都已补充完整，没有遗漏。
3) 第（4）小题中的标注是否正确？

6-26 补画所缺图线并改正图形中的错误。

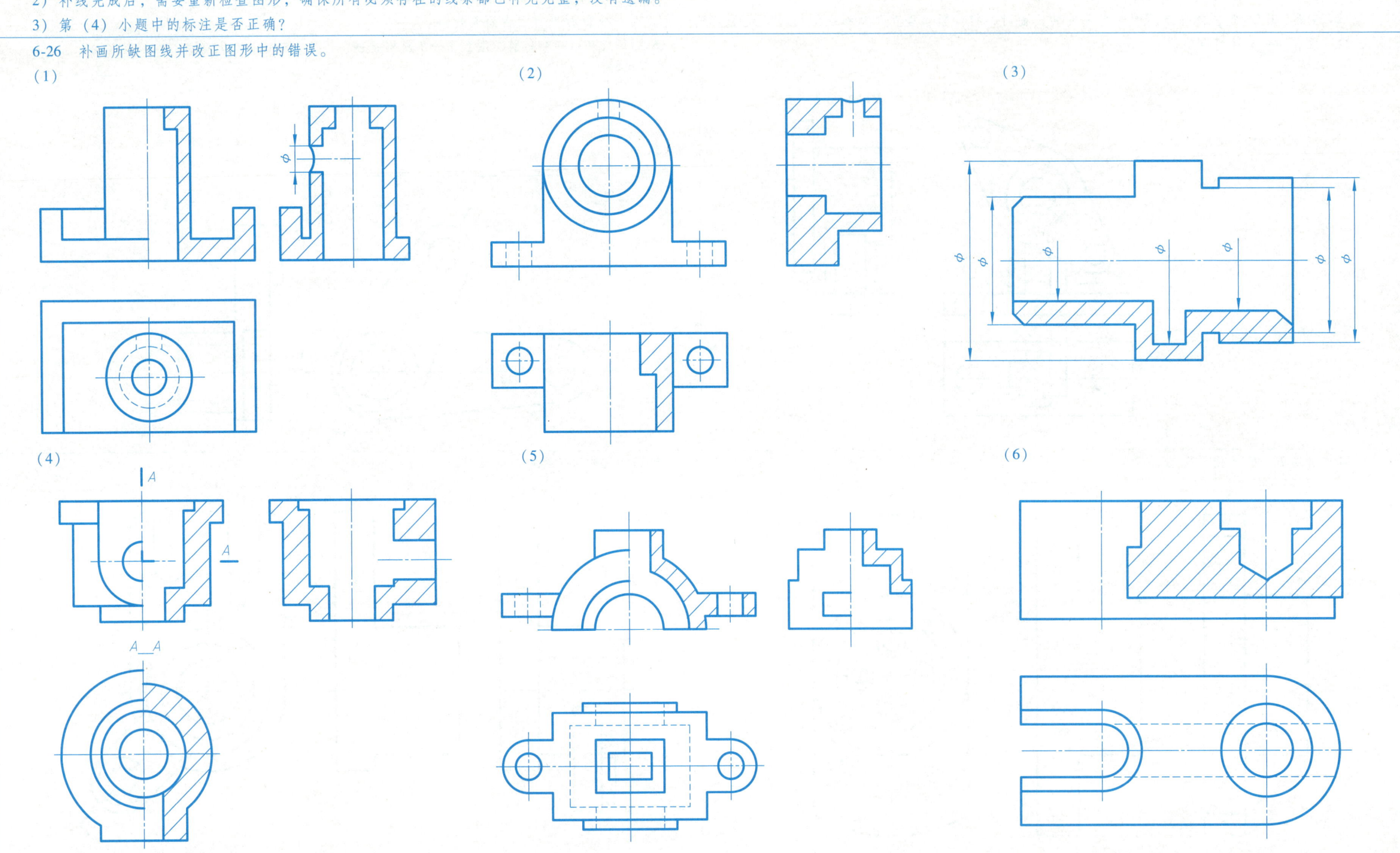

6.2 实践练习

注意事项：
1) 剖切面通过回转面形成的圆孔、凹坑时，按剖视图画出这些结构。
2) 移出断面图的轮廓线为粗实线，重合断面图的轮廓线为细实线。
3) 注意在绘制断面图的剖面线时应与给定视图中的剖面线方向和间隔一致。

6-27 画出轴上键槽、孔、凹坑和左端对称小平面等五处的断面图，并合理标注。

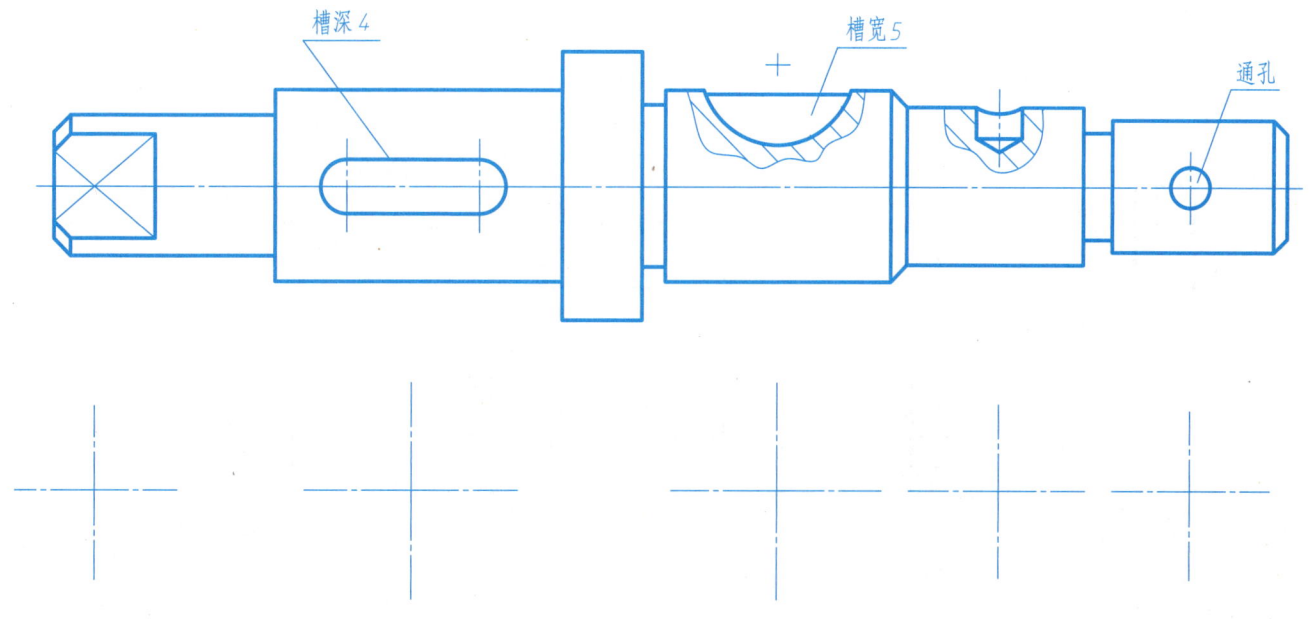

6-28 在指定位置处画出移出断面图。

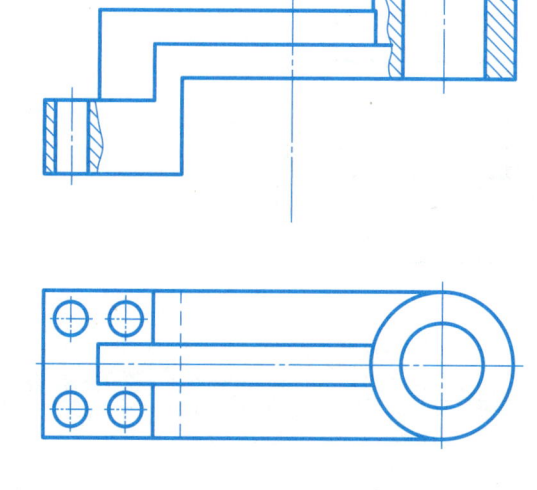

6-29 画出轴上孔、凹坑等三处的断面图。

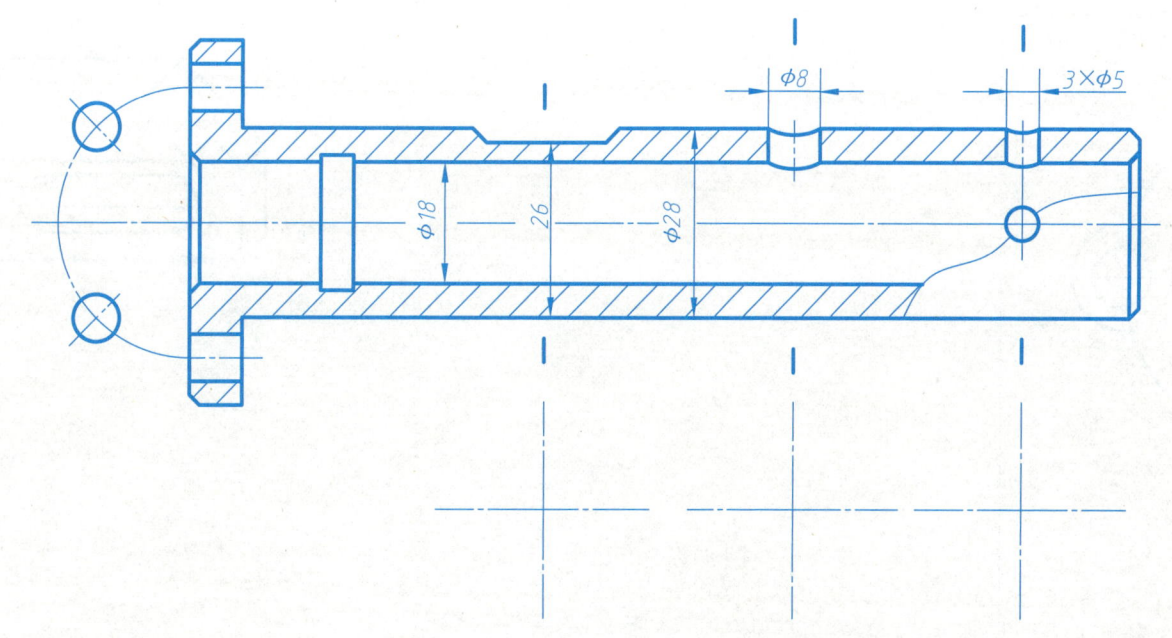

6-30 在指定位置处画出重合断面图。

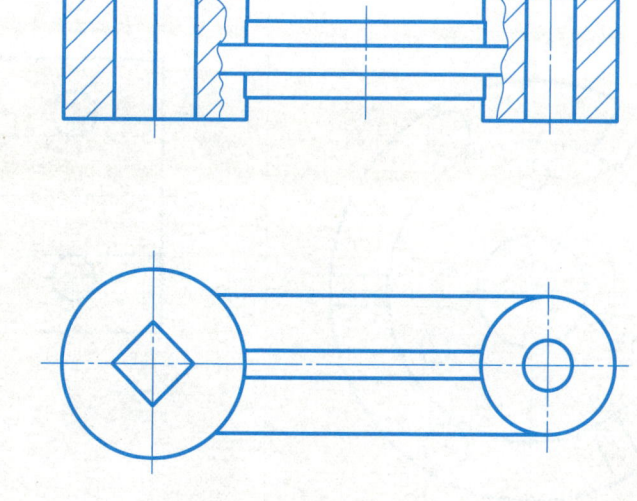

6.2 实践练习

注意事项：
1) 注意简化画法中肋板的画法。
2) 6-32题在进行"剖中剖"时，两个剖面图的剖面线方向、间隔相同，但要互相错开。
3) 6-33题关于第三角画法按照"观察者—投影面—物体"的相对位置关系进行投影。

6-31 用简化画法画出孔和肋板均匀分布的剖视图。

6-32 用在剖视图中再作一次局部剖视图的画法改画主视图。

6-33 读懂用第三角画法画出的机件的主、左视图，补画该机件的其他视图。

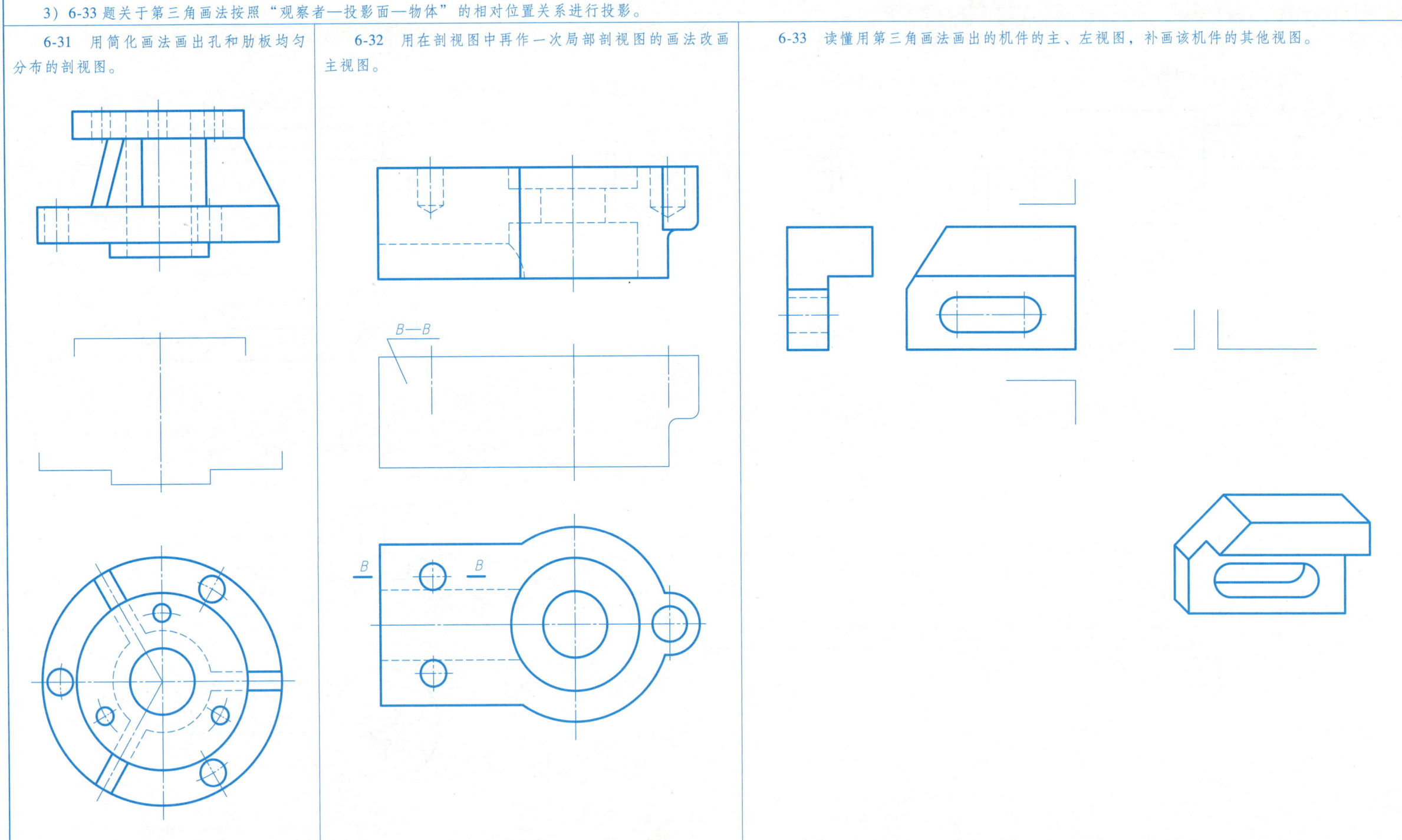

6.2 实践练习

注意事项:

1) 6-34 题分析每一个视图的内外结构,回顾每一种剖视图的适用条件,选择合理的表达方案。

2) 剖面线是细实线,注意同一机件剖面线的方向和间隔相同,不可徒手绘制剖面线。

6-34 将机件的三个视图在下方的指定位置处改画成适当的剖视图。

6-35 在下方的指定位置处将机件的主视图、俯视图改画成半剖视图,将左视图改画成全剖视图。

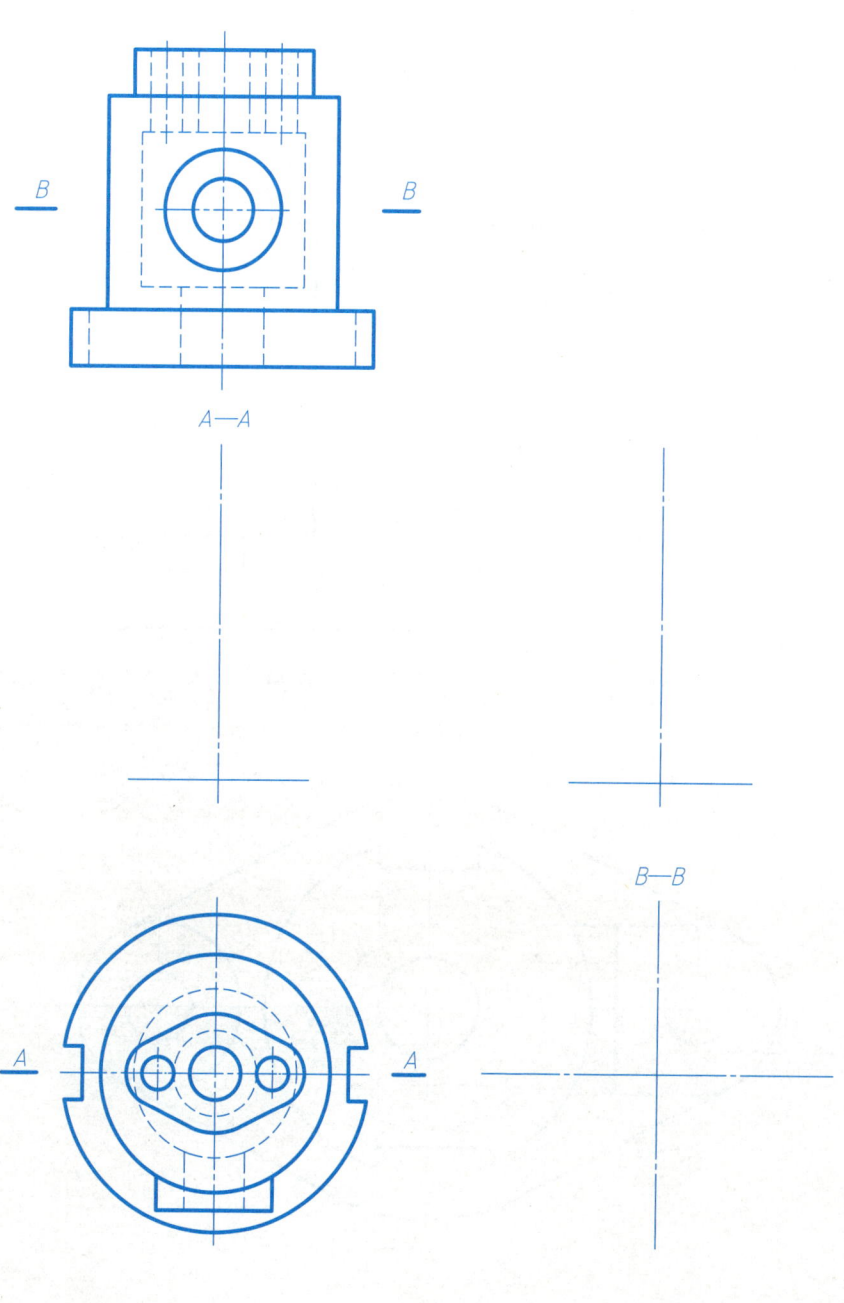

班级：　　　　　姓名：　　　　　学号：

6.2 实践练习

注意事项：
1) 6-36 题在 A3 图纸上绘制时，应将图纸横向放置，不留装订边。布局视图时，合理规划，确保留有足够的空间用于标注尺寸。
2) 6-37 题不是标注尺寸，而是要标注形体之间的相对位置和表达关系。
3) 6-38 题剖切平面纵向剖切肋板时不绘制剖面线，而横向剖切时需要绘制剖面线。

6-36 选用适当的表达方法，将机件的内外结构形状表达清楚，在 A3 图纸上绘制并标注尺寸（尺寸数值按 1∶1 的比例从图中量取并取整）。

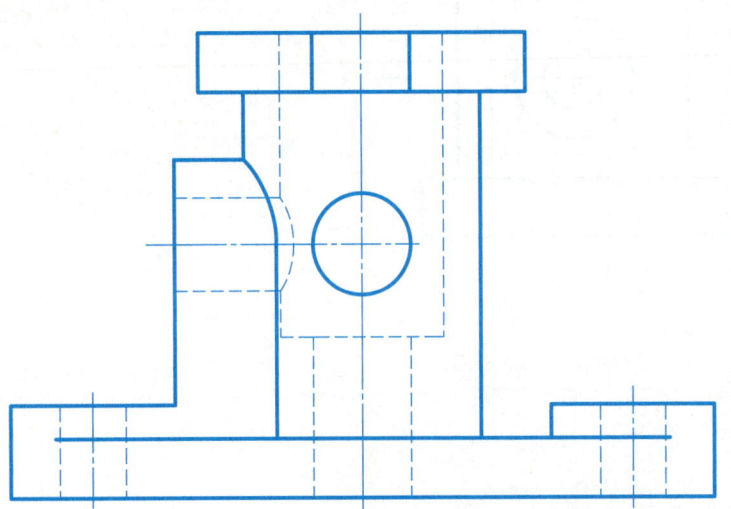

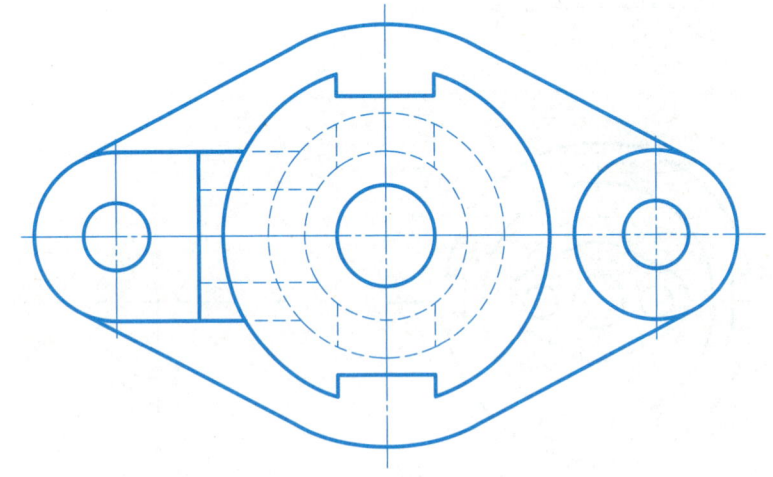

6-37 读懂图形所表达的机件结构，标出各图形之间的表达关系。

6-38 根据给出的两视图，在右侧的指定位置处画出半剖的主视图和 A—A 全剖视图。

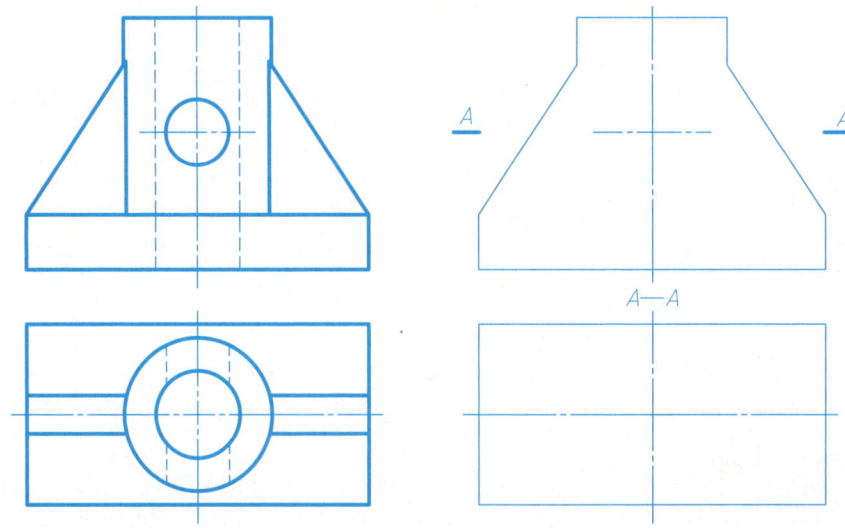

· 48 ·

第7章 标准件与常用件

7.1 内容导学

一、知识框架

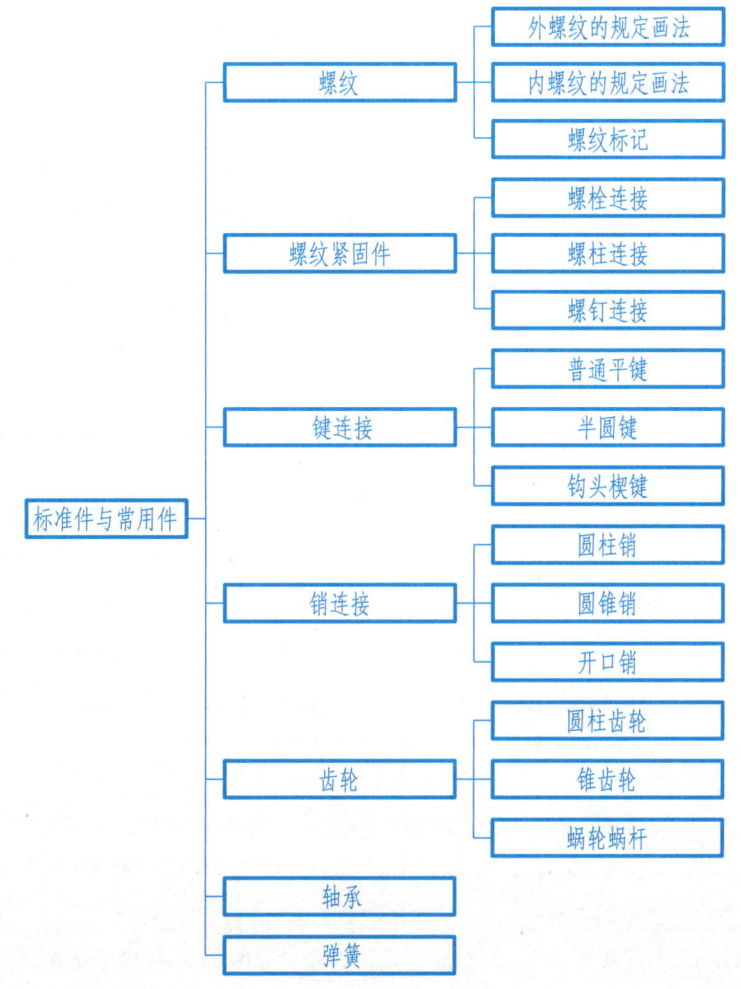

二、知识要点

1. 螺纹

须掌握外螺纹的规定画法、内螺纹的规定画法和螺纹标记。

2. 螺纹紧固件

1）螺栓连接：螺栓连接一般适用于连接两个不太厚并允许钻成通孔的零件。

2）螺柱连接：螺柱连接一般适用于被连接的两零件之一较厚而不允许钻成通孔的情况。

3）螺钉连接：螺钉连接一般适用于受力不大而被连接件之一较厚的情况。

3. 键连接

键是一种标准零件，用于连接轴和安装在轴上的传动件（如带轮、齿轮等），实现轴与传动件的周向固定，起传递转矩的作用；键的种类很多，常用的有普通平键、半圆键和钩头楔键。有的还能实现轴上零件的轴向固定或轴向滑动。

4. 销连接

销在机器设备中，主要用于零件间的定位、连接和锁定。销的种类很多，常用的有圆柱销、圆锥销和开口销。

5. 齿轮

齿轮是广泛应用于机器设备中的传动件，其主要作用包括传递功率、改变运动方向和转速。

1）圆柱齿轮：用于两平行轴之间的传动。

2）锥齿轮：用于两相交轴之间的传动。

3）蜗轮蜗杆：用于两交错轴之间的传动（交错角一般为直角）。

6. 轴承

在现代机器设备中，用来支承旋转轴的组件称为轴承。根据摩擦性质的不同，轴承分为滑动轴承和滚动轴承两大类。

滚动轴承的标记：滚动轴承代号由基本代号、前置代号和后置代号构成。

7. 弹簧

弹簧属于常用件，在机械中应用十分广泛，主要用于减振、夹紧、复位、调节、储能、测量等方面。

7.2 实践练习

注意事项：

1) 外螺纹大径画粗实线，小径画细实线并画入倒角，终止线画粗实线。内螺纹小径画粗实线，大径画细实线且不画入倒角，剖视图中终止线画粗实线。不通的螺纹孔锥顶角画成120°，剖面线画到粗实线。投影为圆的视图中，外螺纹大径圆画粗实线，小径圆画3/4圈细实线圆，不画倒角圆；内螺纹小径圆画粗实线，大径圆画3/4圈细实线圆，不画倒角圆。

2) 在绘制螺纹连接的剖视图时，其连接部分应按外螺纹的画法绘制，其余部分仍按各自的画法绘制。

7-1 螺杆直径为24mm，长度为60mm；左端刻有普通螺纹，螺纹长度为30mm，两端倒角均为C2，画出螺杆主、左视图。

7-2 机体左端有一个M24的螺纹孔，钻孔深38mm，螺纹深30mm，孔边倒角C2，画出主视全剖视图、左视外形图。

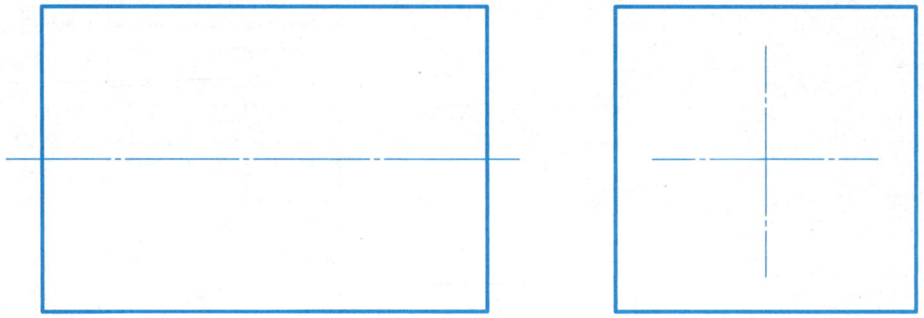

7-3 将7-1题和7-2题的内、外螺纹连接起来，画出旋入长度为20mm的主视全剖视图。

7-4 根据螺纹标记查出表内所要求的内容，并逐一填写。

螺纹标记	螺纹种类	公称直径/mm	螺距/mm	导程/mm	线数	旋向	公差带代号	旋合长度	内/外螺纹
M20×1.5-6g-S-LH									
M20×2-6H									
Tr32×12P6-7e-L-LH									
B32×6-7c									
G1									

7-5 标注出螺纹部分的尺寸。粗牙普通螺纹：大径为16mm，螺距为2mm，公差带代号为5g，旋合长度为S，螺纹长度为20mm。

7-6 标注出螺纹部分的尺寸。梯形螺纹：公称直径为16mm，导程为8mm，线数为2，公差带代号为8e，旋合长度为L，螺纹长度为100mm。

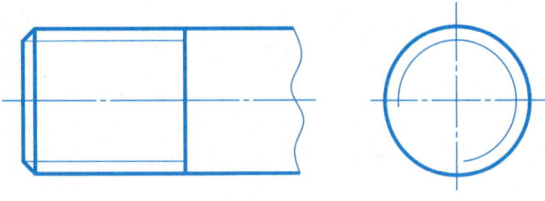

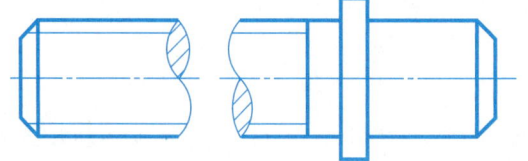

7.2 实践练习

注意事项：
1) 在填写规定标记时，先写名称，然后依次填写标准编号、型式和尺寸。
2) 在标注螺纹大径时，应在数字前标注牙型代号，而不是标注"φ"。

7-7 标注零件尺寸并填写零件的规定标记。零件为 C 级六角头螺栓，螺纹规格 $d=M16$，公称长度 $l=95mm$。

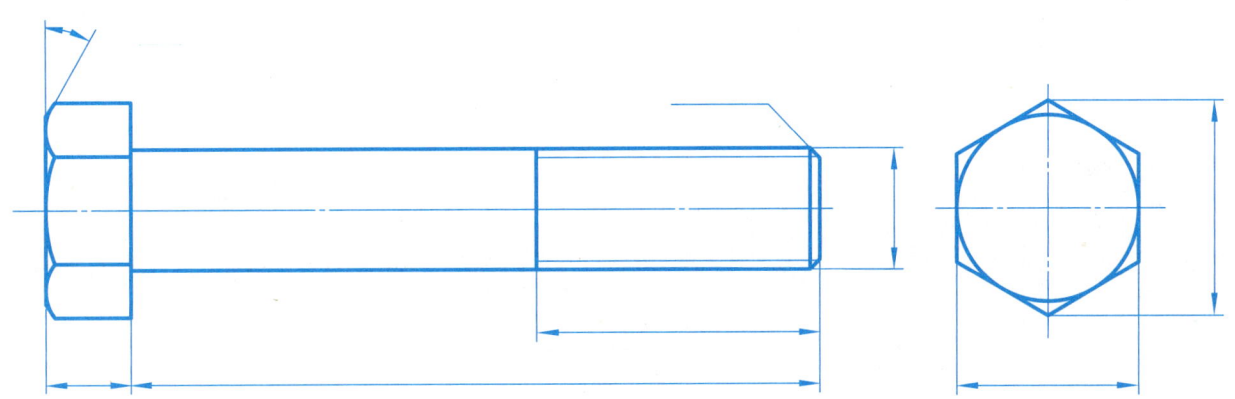

规定标记：_____

7-8 标注零件尺寸并填写零件的规定标记。零件为 A 级 I 型六角螺母，螺纹规格 $D=16mm$。

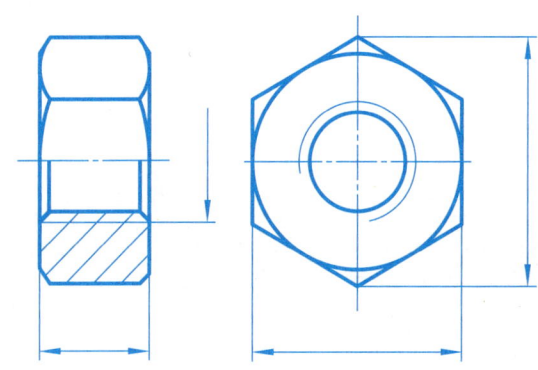

规定标记：_____

7-9 标注零件尺寸并填写零件的规定标记。零件为平垫圈，螺纹规格 $d=16mm$。

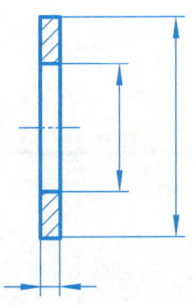

规定标记：_____

7-10 标注零件尺寸并填写零件的规定标记。零件为开槽沉头螺钉，螺纹规格 $d=M10$，公称长度 $l=45mm$。

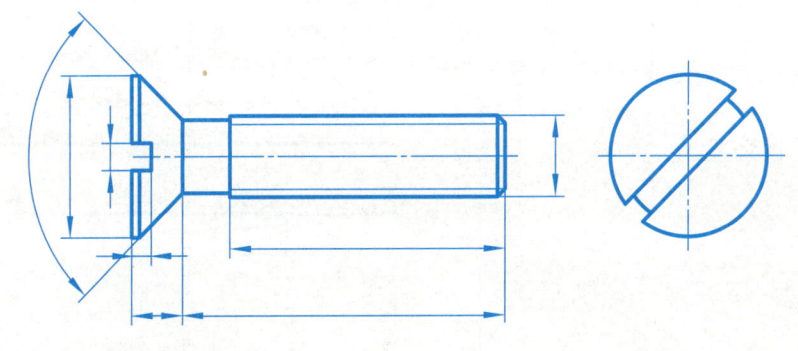

规定标记：_____

7-11 标注零件尺寸并填写零件的规定标记。零件为 B 级双头螺柱，螺纹规格 $d=M16$，公称长度 $l=45mm$，$b_m=1.25d$。

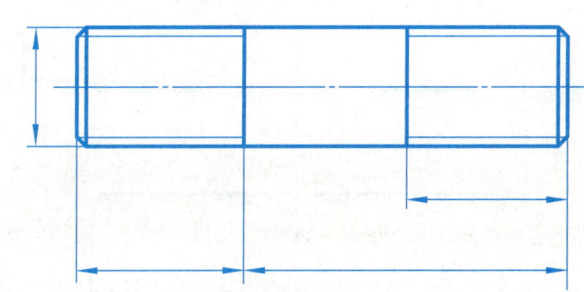

规定标记：_____

班级：　　　　姓名：　　　　学号：

7.2 实践练习

注意事项：
1) 螺栓的螺纹终止线必须画到垫圈之下（应在两被连接件接触面的上方），否则螺母可能拧不紧。
2) 双头螺柱连接中，旋入端螺纹终止线必须与两被连接件接触面平齐。
3) 在投影为圆的视图中，螺钉头部的一字槽按规定画成与水平线向右倾斜45°方向，螺钉的螺纹终止线必须高于两被连接件接触面。

7-12　用螺栓 GB/T 5780 M16×100、螺母 GB/T 6170 M16、垫圈 GB/T 97.1 16 把两铸铁板连接起来，采用比例画法画出螺栓连接图。

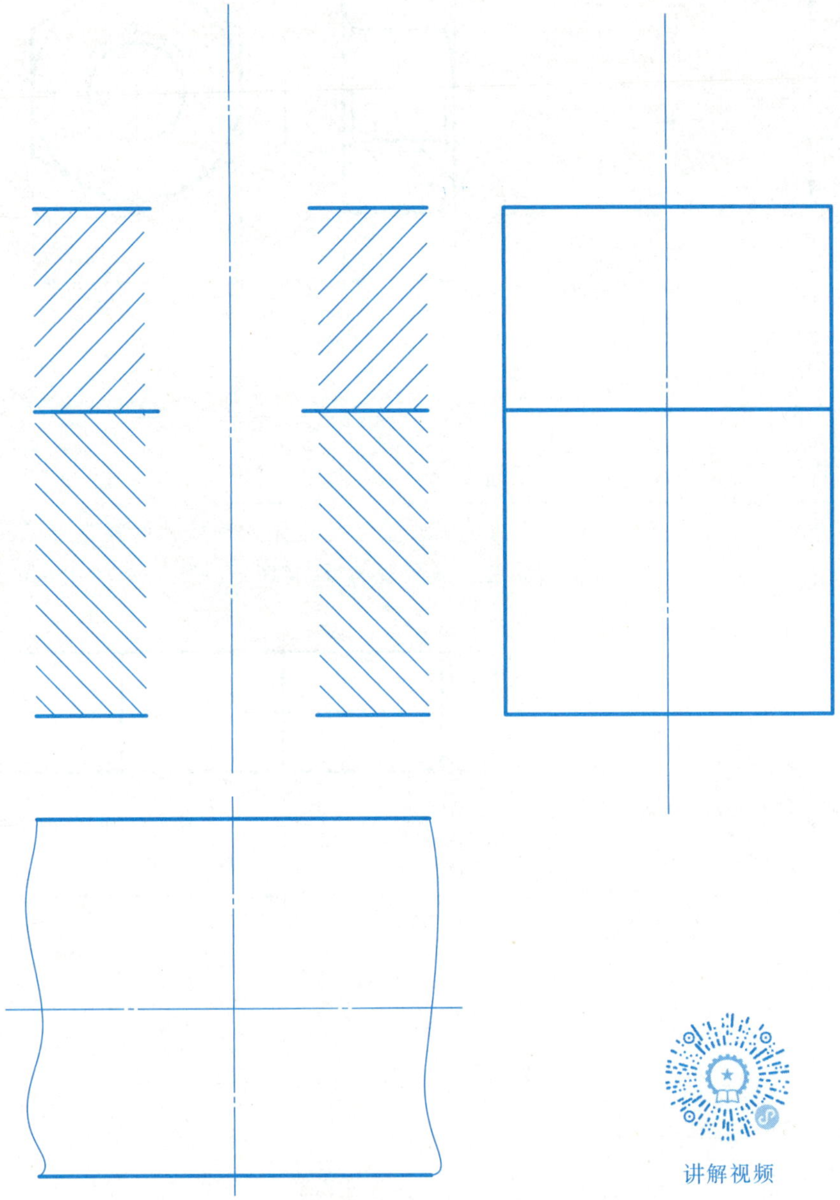

7-13　用螺柱 GB/T 898 M16×45、螺母 GB/T 6170 M16、垫圈 GB/T 93 16 把两铸铁板连接起来（$b_m = 1.25d$），采用比例画法画出螺栓连接图。

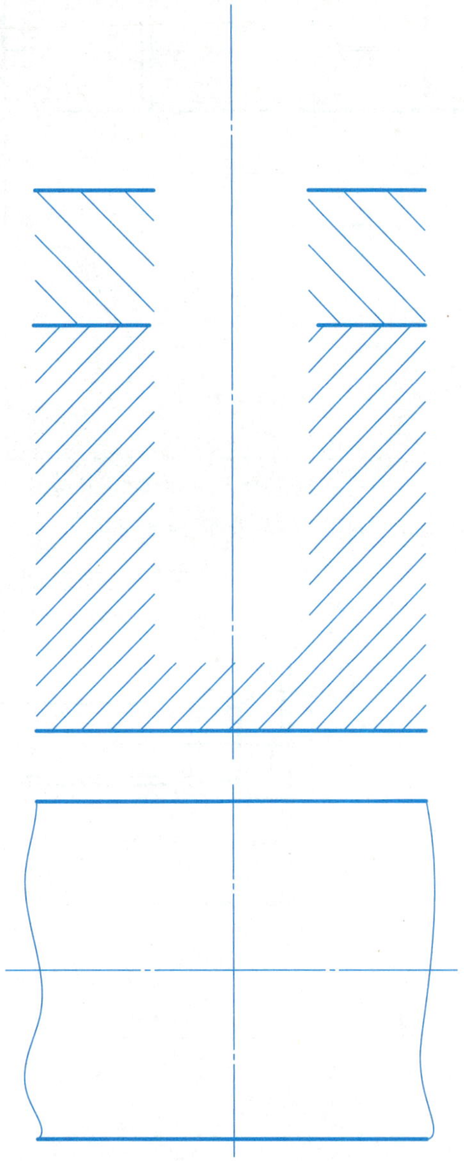

7-14　用螺钉 GB/T 68 M20×60 把两铸铁件连接起来，采用比例画法画出螺钉连接图。

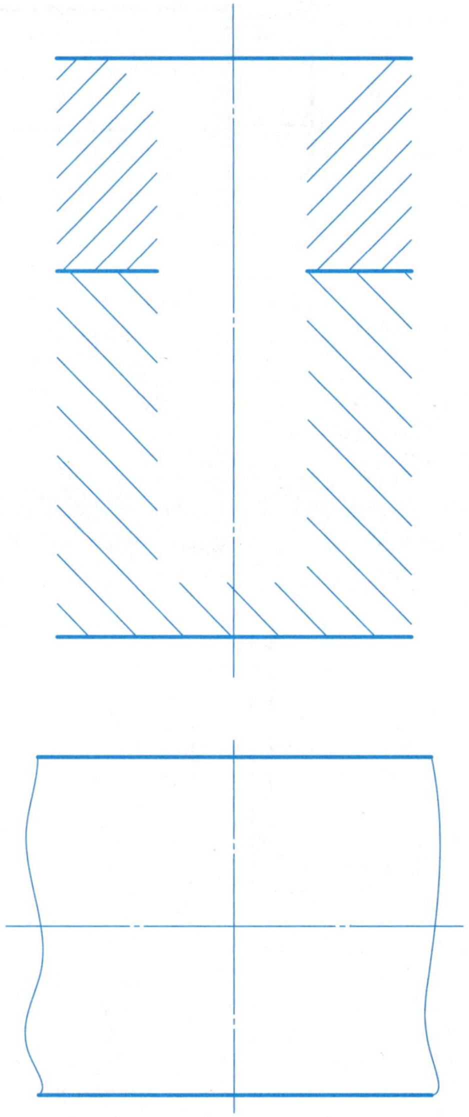

讲解视频

· 52 ·

7.2 实践练习

注意事项：
1) 回顾螺纹及螺纹紧固件的画法，注意区分粗细线。
2) 在绘制螺纹连接的剖视图时，其连接部分应按外螺纹的画法绘制，其余部分仍按各自的画法绘制。

7-15 分析下列螺纹画法中的错误，并将正确的画在下方的指定位置处。

(1) 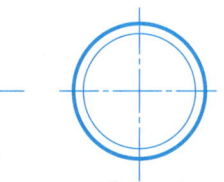 (2)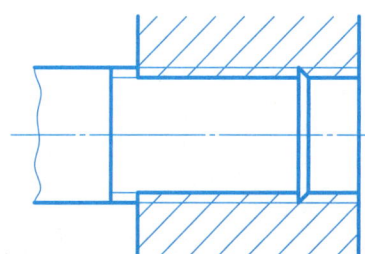

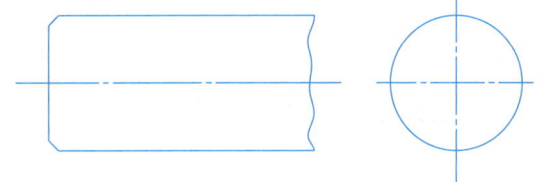

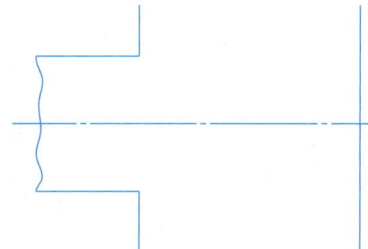

(3) 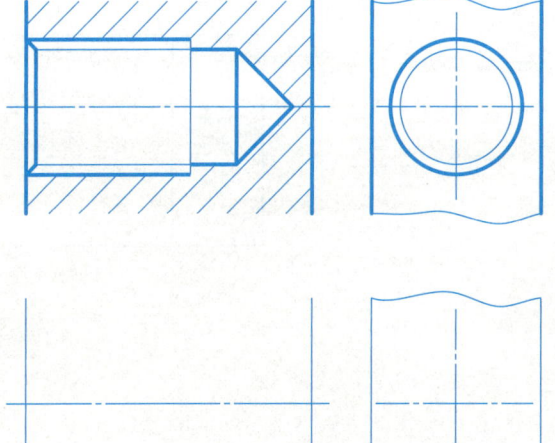 (4)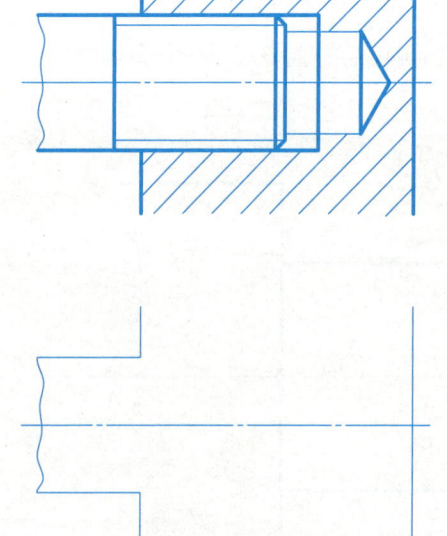

7-16 圈出下列螺钉连接图中的画法错误，将正确的画在右侧的指定位置处。

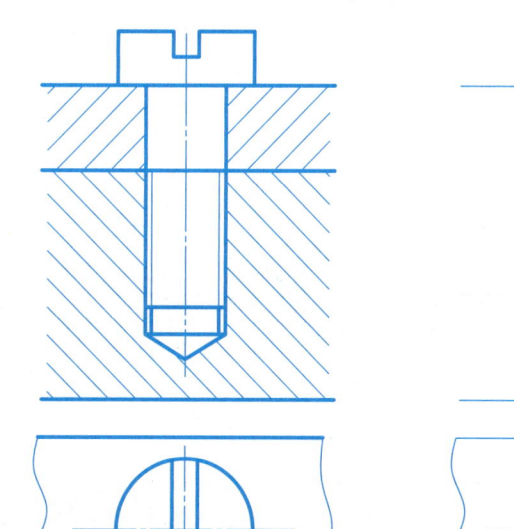 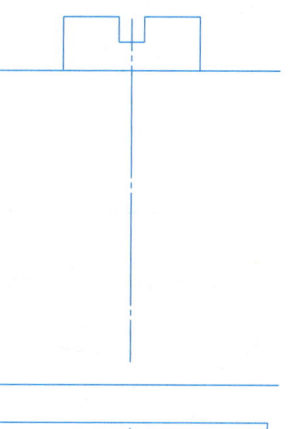

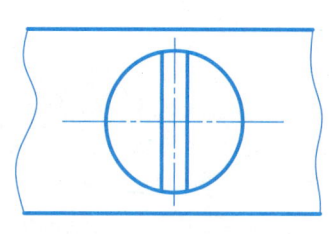 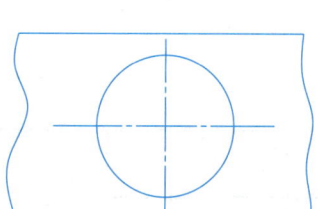

7-17 圈出下列螺栓连接图中的画法错误。

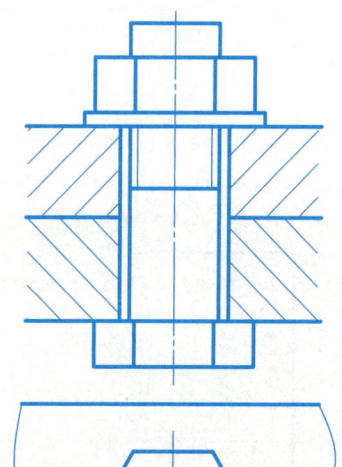 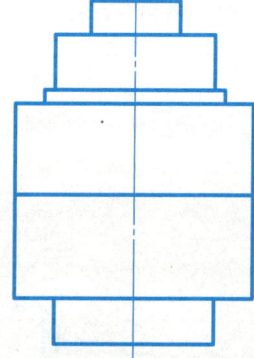

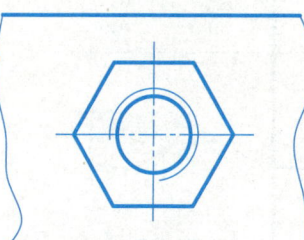

7.2 实践练习

注意事项:
1) 7-18题两零件的接触表面和配合面只画一条线,凡不接触表面,无论间距多小都要画两条线,必要时可适当夸大一点画出间隙。
2) 在剖视图中,相邻两零件的剖面线应不同,要方向相反或方向相同但间隔不等。但同一个零件在各个视图中的剖面线方向和间隔应一致。
3) 在剖视图中,若剖切平面通过销的轴线或键的对称面时,这些标准件按不剖绘制,只画出外形,但如果垂直其轴线剖切,则按剖视要求画出。

7-18 轴径 $d=32$mm,选用 A 型普通平键,键长为 25mm,键槽距轴左端 8mm,画出用键连接轮毂和轴的装配图并标出轮毂和轴上键槽的尺寸。

7-19 画出用销 GB/T 119.1 8m6×45 连接轴和齿轮的装配图。

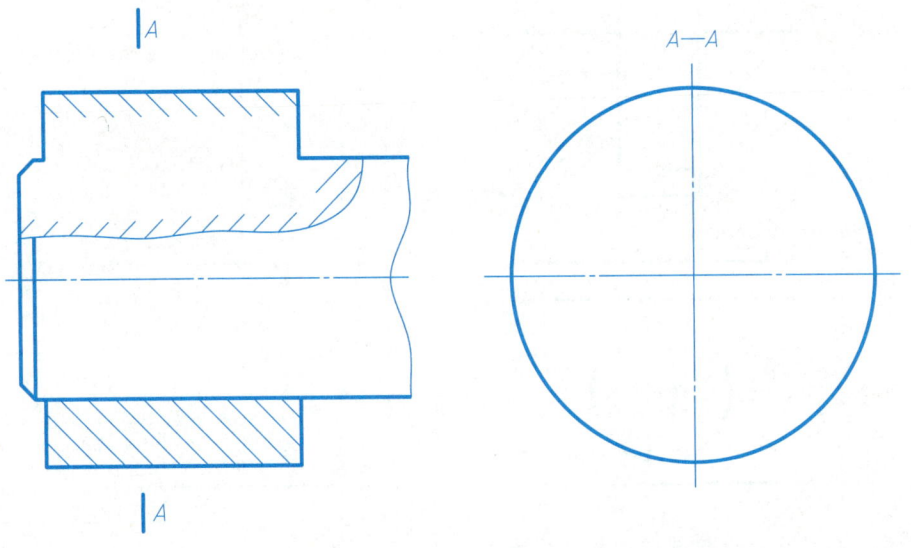

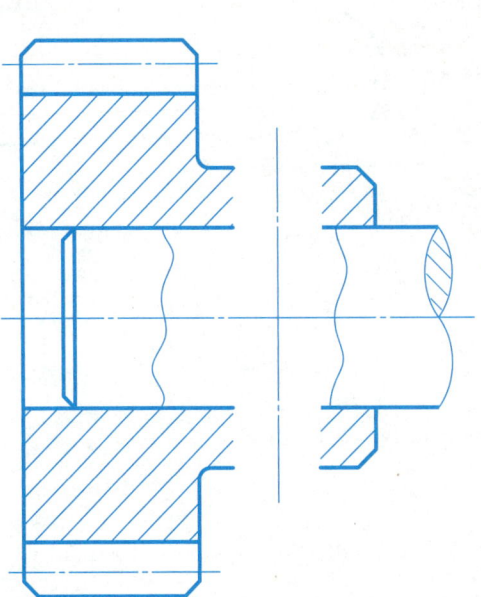

7-20 已知滚动轴承 6306(GB/T 276—2013),分别用规定画法和简化画法按 1:1 的比例画出轴承装在轴颈上的剖视图,并填写出轴承代号及其基本尺寸。

规定画法　　　简化画法

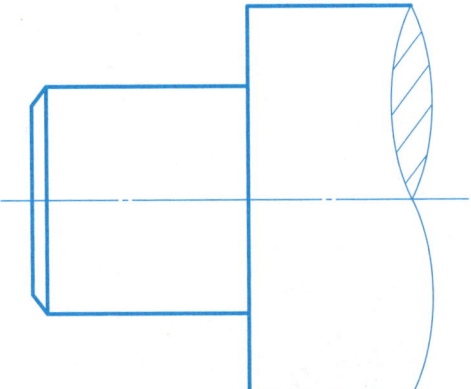

轴承代号	
基本尺寸/mm	d
	D
	B

班级：　　　　　姓名：　　　　　学号：

7.2 实践练习

注意事项：
1) 绘制齿轮时，根据参数计算出齿顶圆、齿根圆和分度圆的直径。
2) 齿顶圆（线）用粗实线画，齿根圆（线）用细实线画或省略不画，分度圆（线）用细点画线画，轮齿不画剖面线。
3) 弹簧两端并紧磨平时，无论支承圈的圈数多少和末端并紧情况如何，均按支撑圈为2.5圈的形式绘制。

7-21 已知一对渐开线标准直齿圆柱齿轮相啮合，模数 $m=2.5$ mm，小齿轮齿数 $z_1=18$，中心距 $a=60$ mm，试计算两齿轮的分度圆、齿顶圆和齿根圆直径，以及齿数和传动比，按1:1的比例完成下列两视图并填写基本参数表。

模数 m/mm	
齿数	z_1
	z_2
压力角	α
中心距 a/mm	
传动比 i	

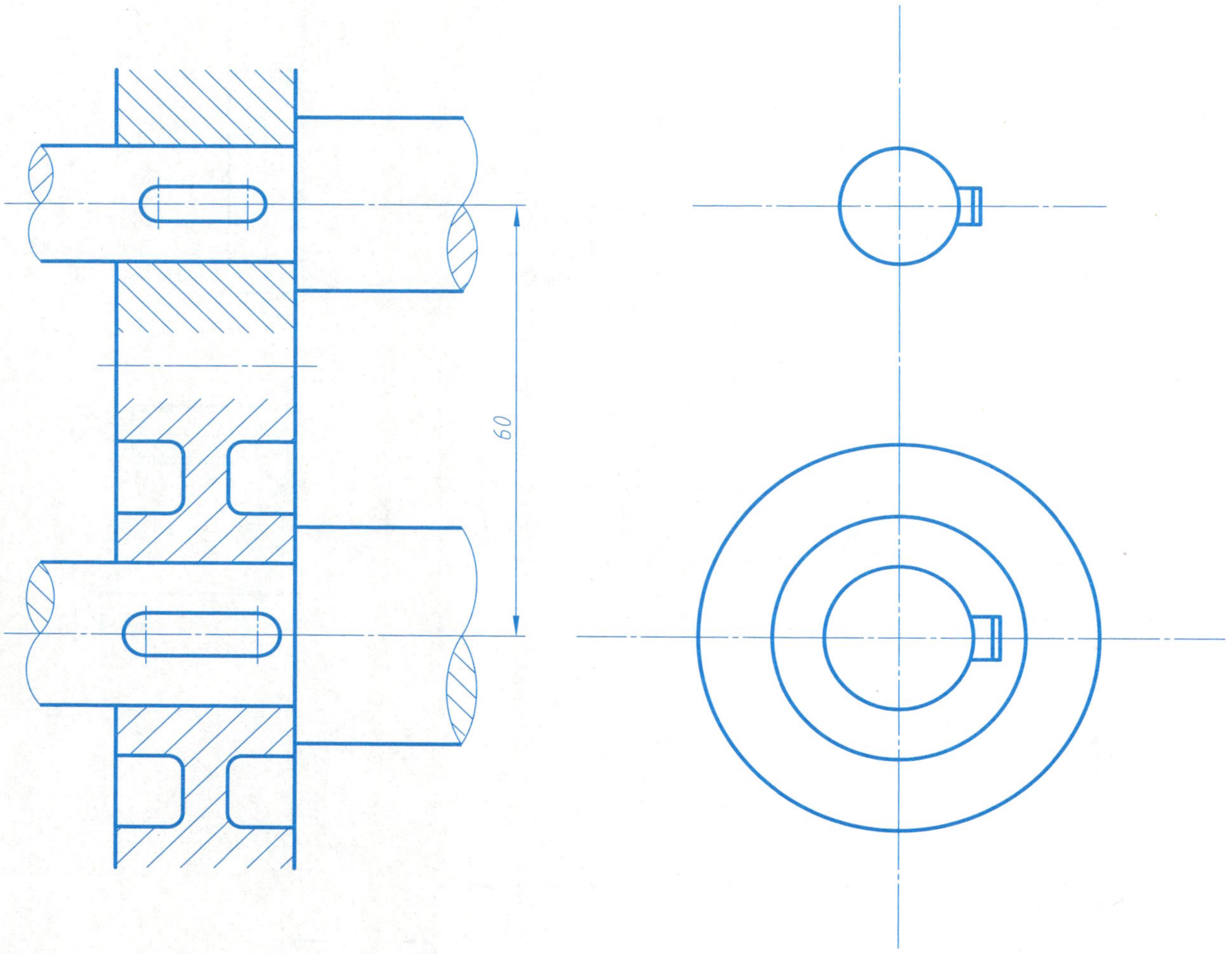

7-22 已知圆柱螺旋压缩弹簧 $d=7$ mm，$D=60$ mm，$n=7.25$，$n_1=9.25$，$t=14$ mm，两端并紧磨平，左旋，在下方指定位置处按1:1的比例画出该弹簧的两视图（主视图取全剖视图）并标注尺寸，填写基本参数表。

旋向	
有效圈数 n	
总圈数 n_1	
展开长度 L/mm	

7.2 实践练习

注意事项：

1）螺纹紧固件和实心的轴、连杆、键等零件，若按纵向剖切，且剖切平面通过其轴线或基本对称面时，这些零件均按不剖绘制。

2）在完成标准件的绘制后，务必补全剖面线及零件的轮廓。确保图形的完整性和准确性。

7-23　在指定位置处画出左下角各标准件及齿轮啮合部分的装配图，零件尺寸由图中按1∶1的比例量取并取整数（零件10为铸铁件）。

螺钉6
销5
齿轮8
键7
齿轮8、齿轮9啮合
螺钉4
螺柱1、垫圈2、螺母3
齿轮9
10
7
6
M10
1
5
b_m
M8
4
2
3

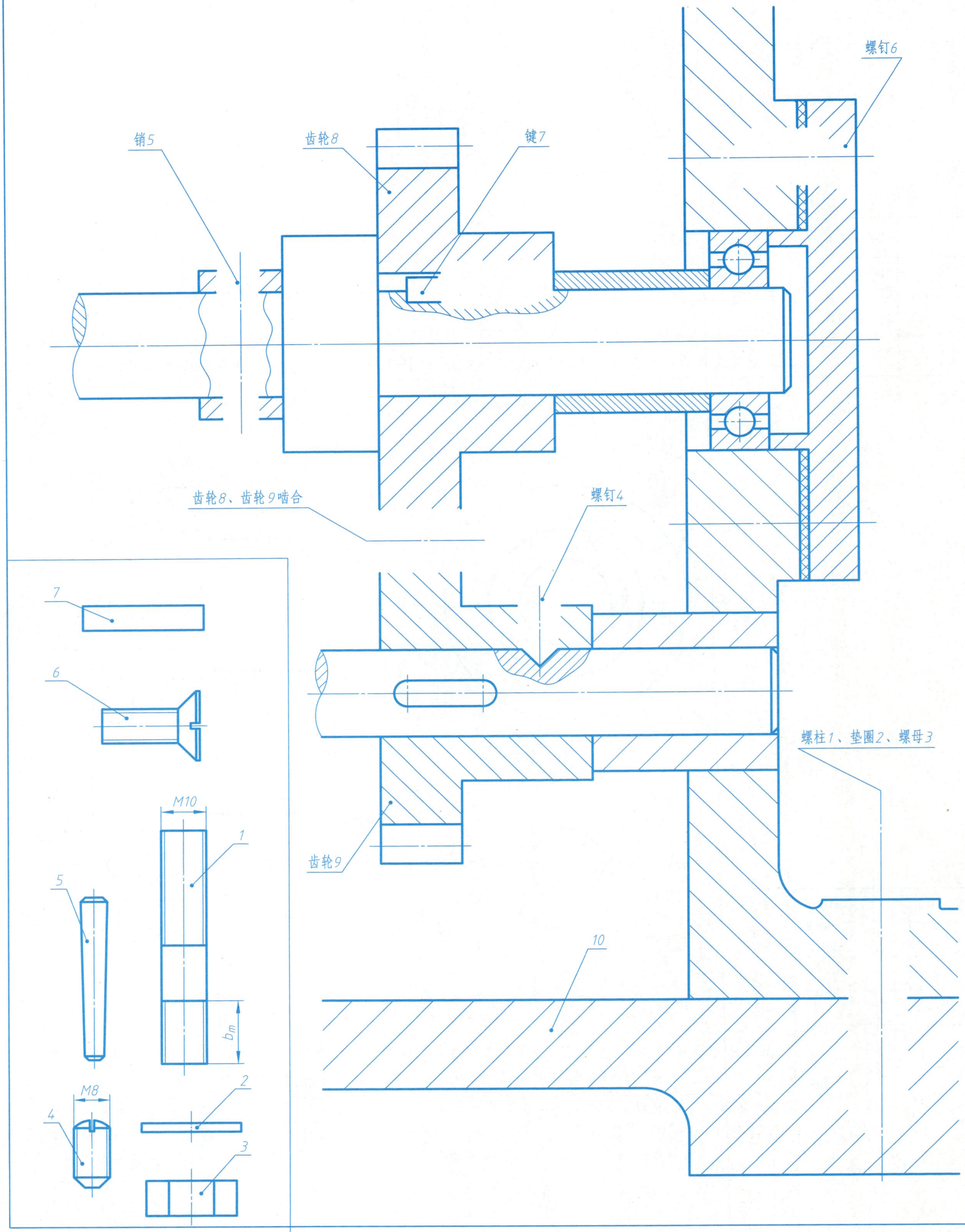

第8章 零件图

8.1 内容导学

一、知识框架

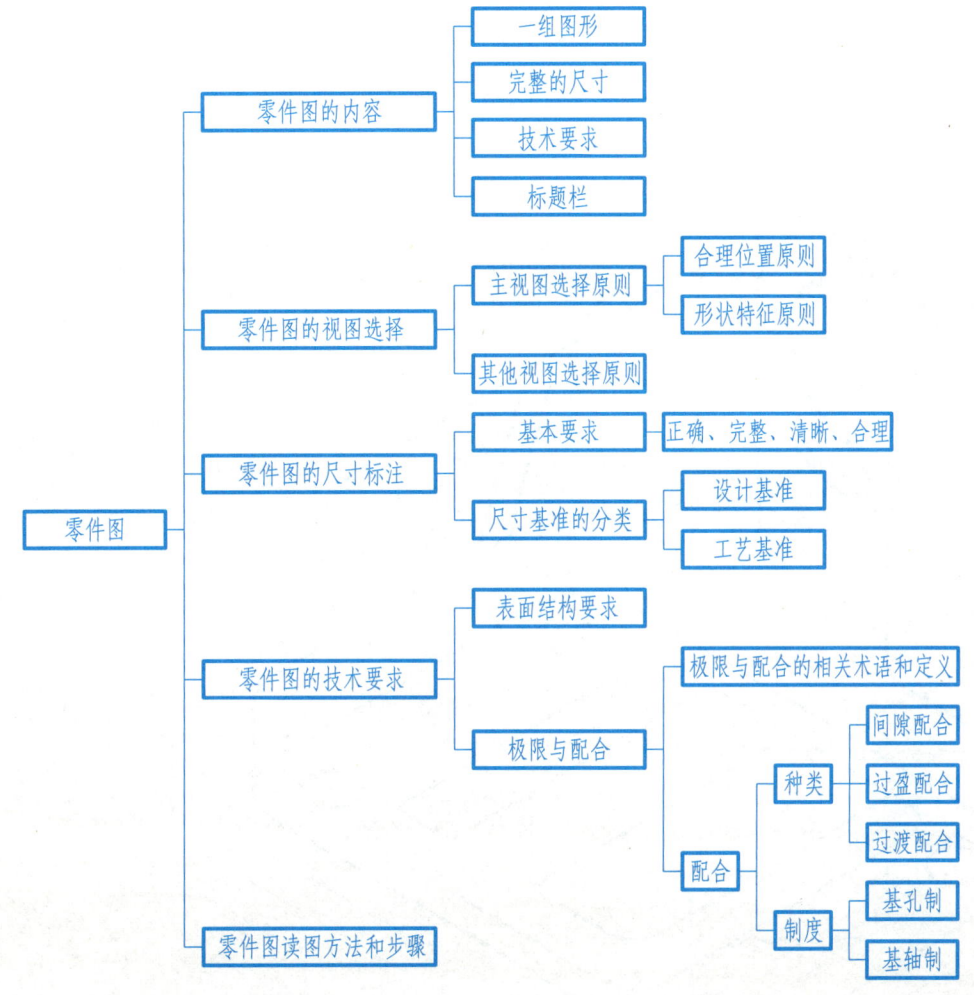

二、知识要点

1. 零件图的内容

1）一组图形：综合运用视图、剖视图和断面图等各种表达方法，正确、完整、清晰且简洁地表达出零件的内外结构形状。

2）完整的尺寸：标注出零件的定形、定位等全部尺寸，以确定零件各部分结构形状的大小和相对位置。

3）技术要求：用国家标准中规定的符号、数字、字母和文字等添加标注与说明，明确零件在制造、检验、安装时应达到的各项技术要求，如表面结构要求、尺寸公差、几何公差，以及热处理要求等其他技术要求。

4）标题栏：一般画在图框的右下角，需填写零件名称、材料、数量、比例、图号、制图者姓名、日期等内容。

2. 零件图的视图选择

1）主视图选择原则：合理位置原则、形状特征原则。

2）其他视图选择原则：补充主视图未表达的结构，以最少的视图表达完整信息，避免重复投影。

3. 零件图的尺寸标注

基本要求：零件的尺寸标注要做到正确、完整、清晰且合理。

尺寸基准的分类：设计基准、工艺基准。

4. 零件图的技术要求

1）表面结构要求：常采用表面粗糙度参数，指零件表面具有较小间距的峰谷所组成的微观几何形状特性。

2）极限与配合的相关术语与定义：公称尺寸、实际尺寸、极限尺寸、极限偏差、尺寸公差、公差带、标准公差等级、基本偏差、公差带代号。

3）配合：应根据配合种类和配合制度合理进行标注。

配合种类：间隙配合、过盈配合、过渡配合。

配合制度：基孔制、基轴制。

5. 零件图读图方法和步骤

1）概括了解。

首先通过标题栏了解零件名称、材料、画图比例等，并对全图进行大体观览，对零件的大致形状、复杂程度及其在机器中的作用等有个大概认识。

2）看懂零件的结构形状。

分析视图：先找出主视图和基本视图，然后了解各视图之间的相互关系及每个视图表达的内容；对于剖视图，应找出剖切平面的剖切位置和投射方向。

分析结构形状：根据零件的功用和视图特征，对零件进行形体分析，把它分解成几个部分，看懂各部分的结构形状，然后按它们的相对位置，综合想象出零件的整体形状。

3）分析尺寸及技术要求。

看零件图上的尺寸，首先应找出长、宽、高三个方向的尺寸基准，然后从基准出发，按形体分析法，找出各组成部分的定形、定位尺寸；了解尺寸公差、几何公差、表面结构要求及热处理等技术要求。

4）综合归纳。

通过以上看图过程，将所获得的各方面认识、资料，进行归纳分析。各个步骤在读图过程中可以灵活、交叉进行。

8.2 实践练习

注意事项：
1) 将零件草图画在 8 开白纸或方格纸上。将工作图画在 A3 图纸上，将图纸横放，左侧留 25mm 装订边，标题栏按教材规定的格式绘制。
2) 在表达一个零件时，应首先选择好主视图的表达方案。一般来说，零件主视图的选择应满足"安放位置"和"形状特征"两个基本原则。
3) 布置图面时，要注意各视图之间的空白位置满足尺寸标注的需要。尺寸标注须不重复且不遗漏，尽量符合设计和工艺要求。

8-1 根据支座（材料为 HT200）的轴测图按 1∶1 的比例绘制零件的草图和工作图。

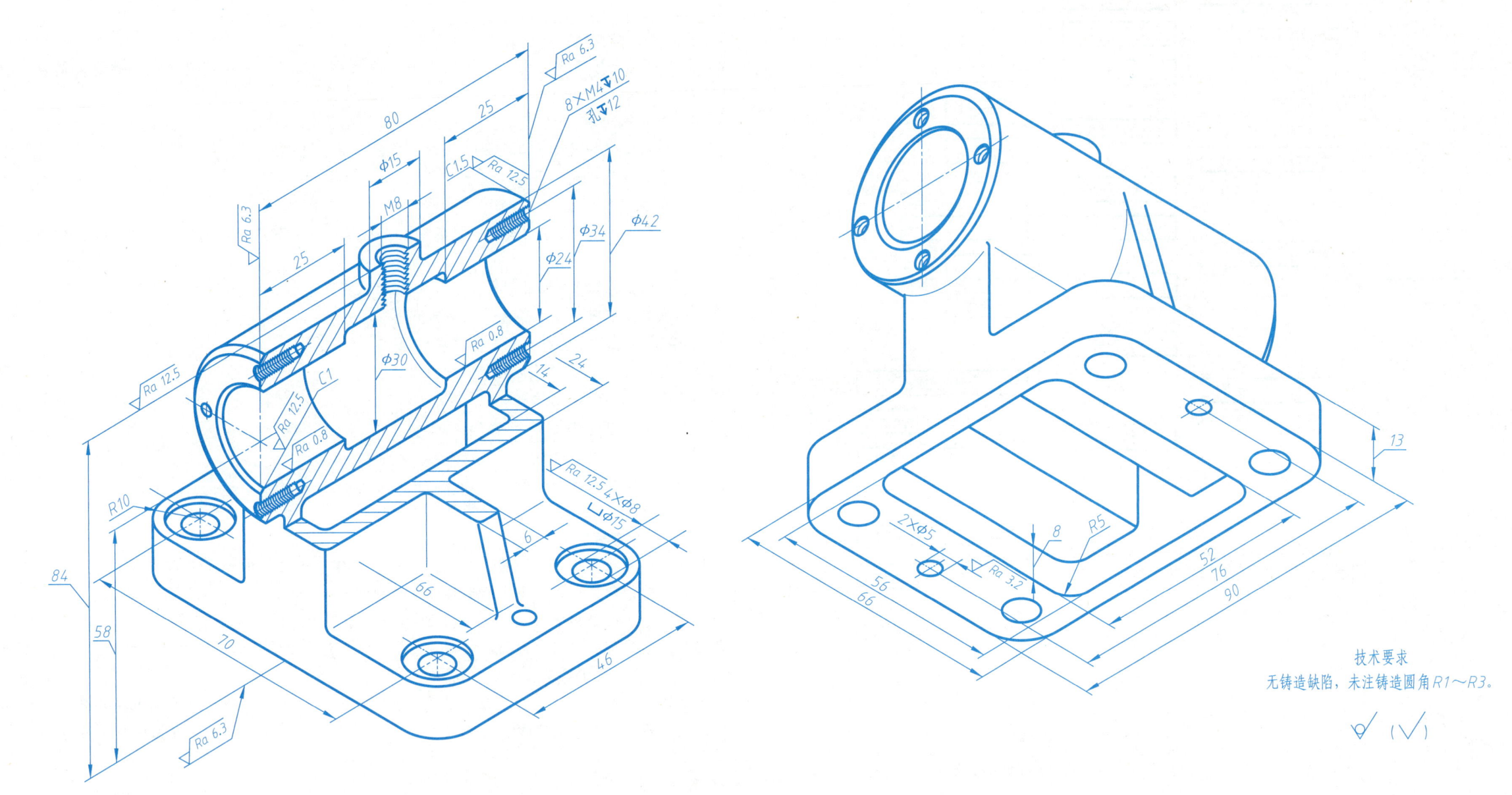

技术要求
无铸造缺陷，未注铸造圆角 R1～R3。

8.2 实践练习

注意事项：
1) 合理选择图纸大小，确定合适的表达方案并合理布置图面。
2) 在零件图上，视图只能表达零件的结构形状，尺寸才能确定零件的大小和各部分之间准确的相对位置关系。
3) 技术要求在图样中的表示方法有两种，一种是用规定的代（符）号标注在图样中，另一种是在"技术要求"的标题下，用简洁的文字说明逐项书写在图样的适当位置。

8-2 根据蜗轮箱体（材料为 HT200）的轴测图，按 1∶1 的比例绘制零件的草图和工作图。

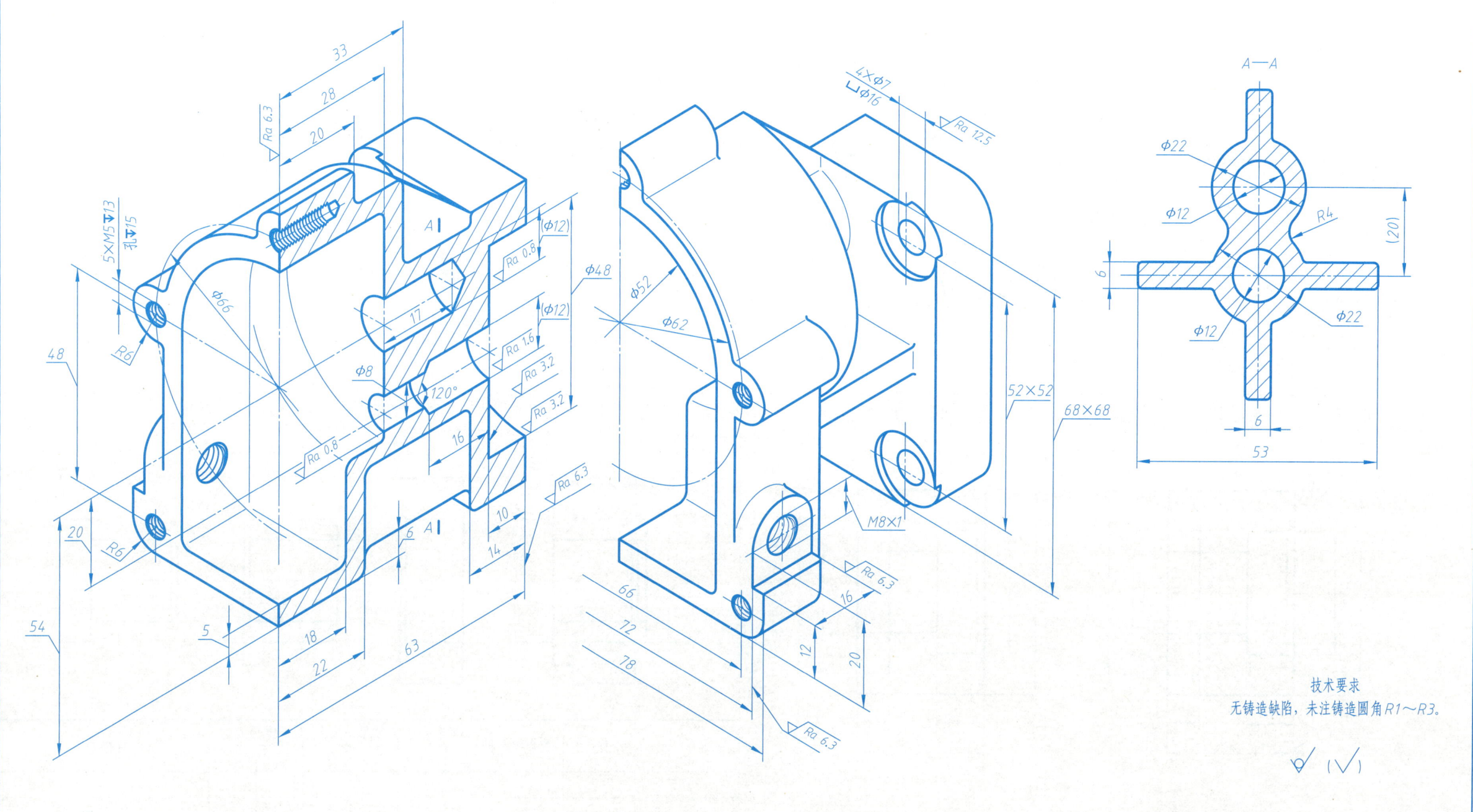

技术要求
无铸造缺陷，未注铸造圆角 R1～R3。

8.2 实践练习

注意事项：
1) 表面结构要求可标注在可见轮廓线上，注意其方向。
2) 注意公差与配合在图样上的标注，在零件图上，线性尺寸的公差有三种注法。
3) 装配图中配合代号以孔、轴公差带代号的分数形式注出，分子表示孔的公差带代号，分母表示轴的公差带代号。

8-3 根据表格所列轴承盖上指定表面的表面结构要求，在视图中对应完成标注。

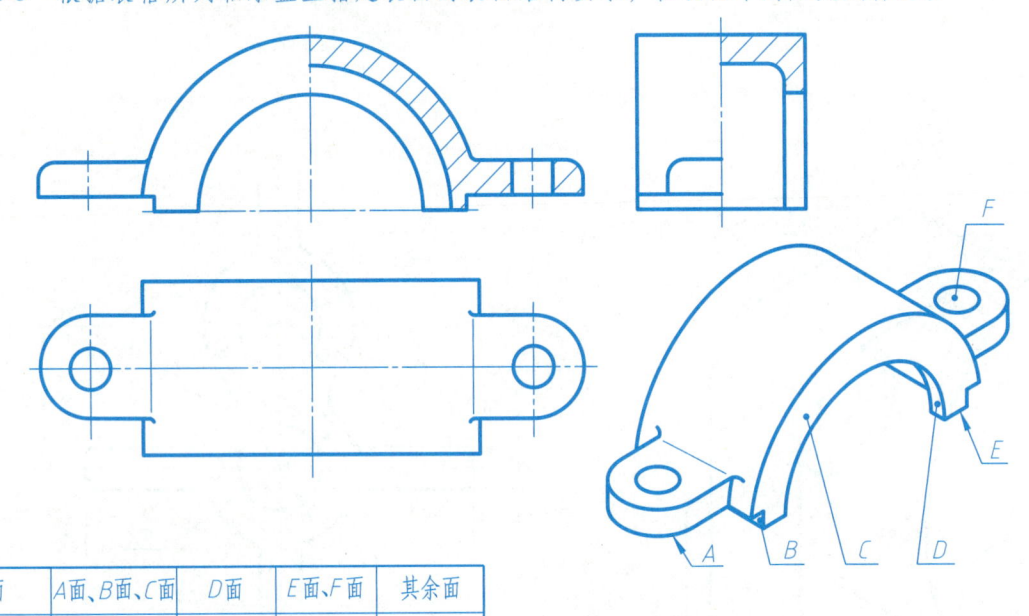

表面	A面、B面、C面	D面	E面、F面	其余面
表面结构要求	√Ra 1.6	√Ra 0.4	√Ra 12.5	√

8-4 已知孔和轴的公称尺寸为 $\phi25$，采用基孔制配合。孔的公差等级为IT7，轴的公差等级为IT6，轴的基本偏差代号为k，在零件图中分别标出它们的公称尺寸及公差代号，在装配图中注出配合尺寸，并将公差与配合的信息填写在表格中。

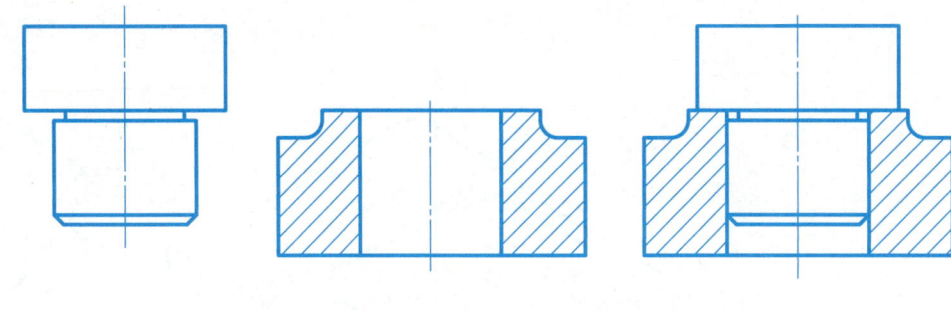

配合标记	孔的极限尺寸		轴的极限尺寸		配合种类
	上	下	上	下	

8-5 圈出左侧零件图中表面粗糙度标注方面的错误，并在右侧零件图中重新标注。

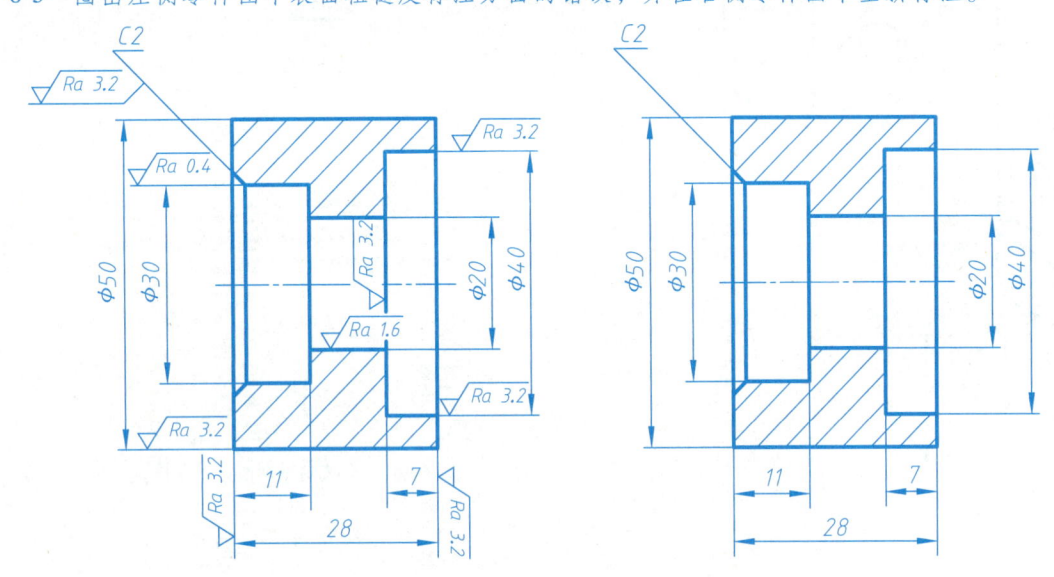

8-6 根据装配图中的配合尺寸，分别在相应的零件图上注出其公称尺寸及极限偏差值，并填写下表。

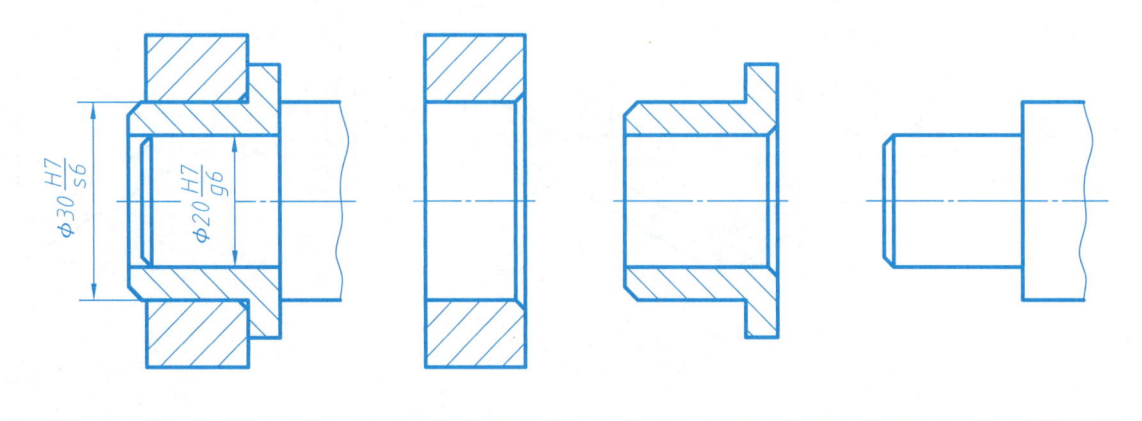

配合标记	公称尺寸	配合制度	公差等级		孔极限偏差		轴极限偏差		配合种类
			孔	轴	上	下	上	下	

8.2 实践练习

注意事项：
1）回顾并理解各种表达方法的适用条件。
2）在绘制螺纹时，注意其画法和标注所代表的含义。
3）绘制完零件的结构形状后，务必记得绘制铸造圆角，以确保设计的细节得到妥善处理。

8-7 读泵体零件图，想象零件的结构形状，完成 C 向视图并填空。

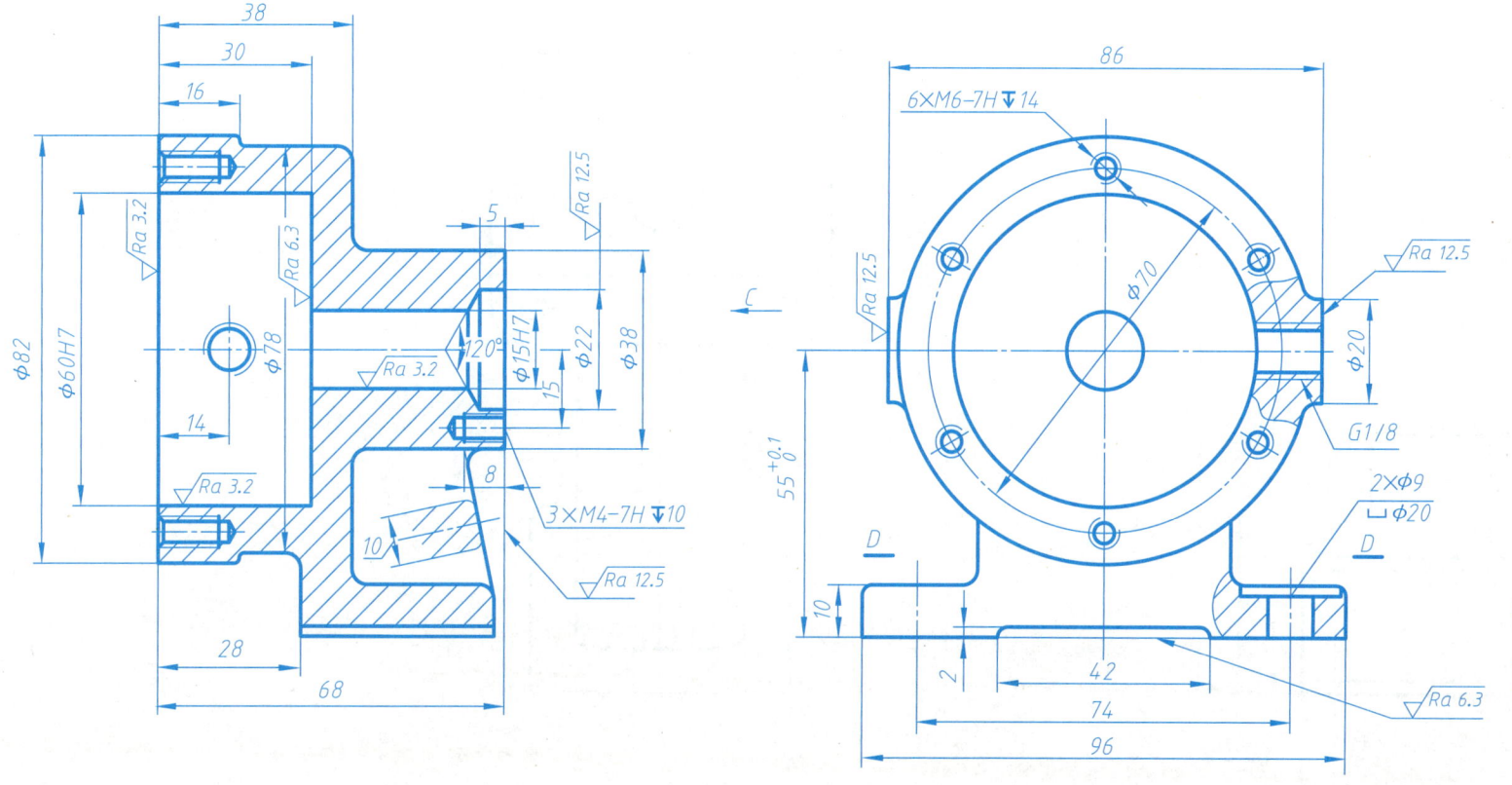

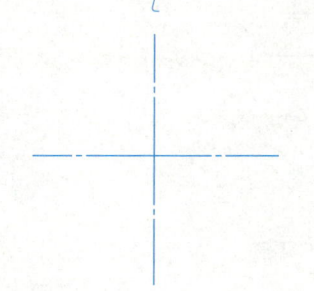

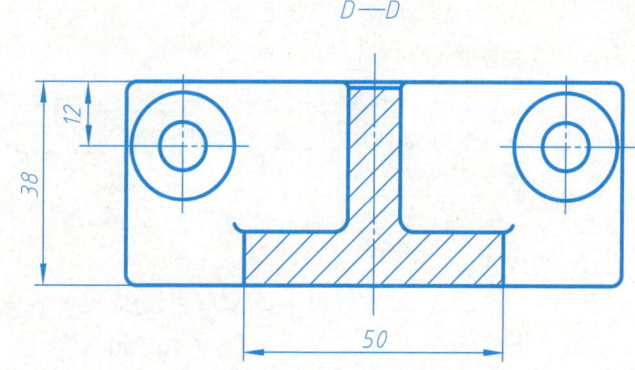

（1）D—D 是 _____ 剖视图。
（2）尺寸 φ60H7 中，φ60 表示 _____ 尺寸，H7 表示 _____，H 是 _____，7 表示 _____，上极限偏差为 _____，下极限偏差为 _____，公差为 _____。
（3）G1/8 表示 _____。

技术要求
1. 未注铸造圆角R2～R4。
2. 铸件不允许有砂眼及缩孔。

泵 体		图号		比例	1:1
		数量	1	材料	HT200
制图	（姓名）（日期）	××××××大学			
审核	（姓名）（日期）	（专业、班级、学号）			

8.2 实践练习

注意事项:
1) 肋板纵向剖切时不画剖面线而与相邻部分用粗实线分开,横向剖切时画剖面线。
2) 绘制剖面线时,注意同一零件的剖面线方向和间隔应全图一致。

8-8 读轴架零件图,完成填空题,在指定位置画出 A—A 剖视图,并用 "△" 符号在图中标出长、宽、高三个方向的主要尺寸基准。

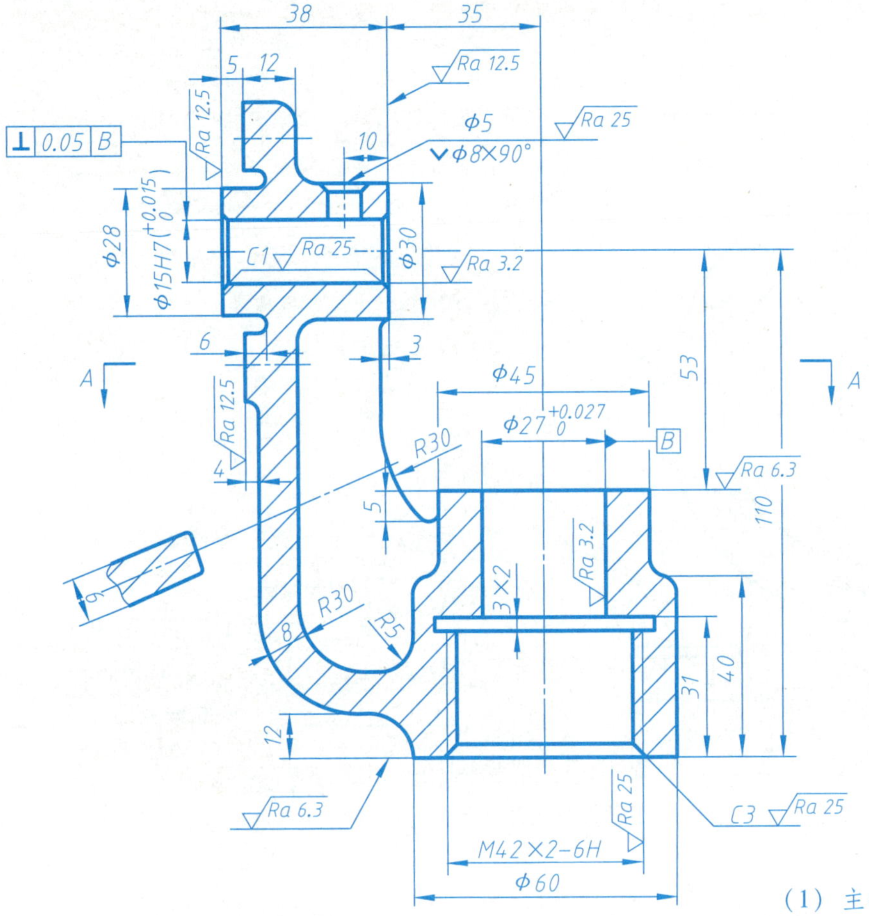

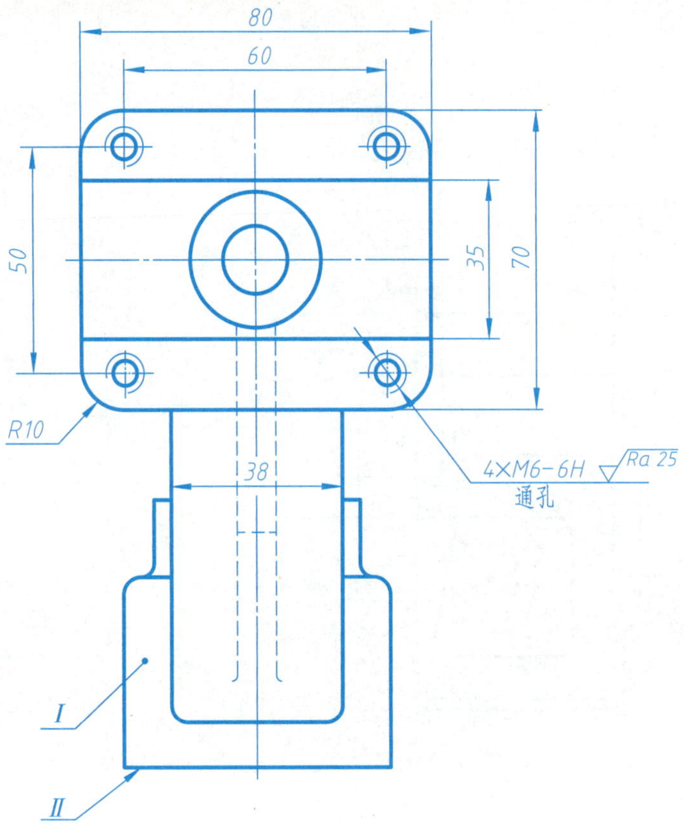

(1) 主视图采用_____剖视,剖切面通过_____。
(2) 主视图中的断面图为_____,所表达的结构是_____,其厚度为_____。
(3) M42×2-6H 表示的是_____结构的尺寸。
(4) φ15H7 孔的定位尺寸是_____,4×M6-6H 的定位尺寸是_____。
(5) 面 Ⅰ 的表面结构的图形符号为_____,面 Ⅱ 的表面结构的图形符号为_____。
(6) 在主视图上可以看到 φ28 的左端面超出连接板,这是为了突出 φ15H7 孔的_____面,而 70×80 连接板的中部做成凹槽是为了减少_____面。

技术要求
1. 未注铸造圆角 R1~R3。
2. 铸件不允许有砂眼及缩孔。

轴 架	图号		比例	1:1
	数量	1	材料	HT200
制图	(姓名)	(日期)	××××××大学	
审核	(姓名)	(日期)	(专业、班级、学号)	

8.2 实践练习

注意事项：

1) 注意 C—C 剖视图的剖切位置，零件上没有剖到的结构若可见，则应画出。
2) 视图主要用来表示机件的外部结构和形状，一般只画出可见部分，必要时才用细虚线表达其不可见部分。

8-9 读懂阀座的结构形状，在指定位置处完成 B 向视图（主视外形图）并画出 C—C 剖视图。

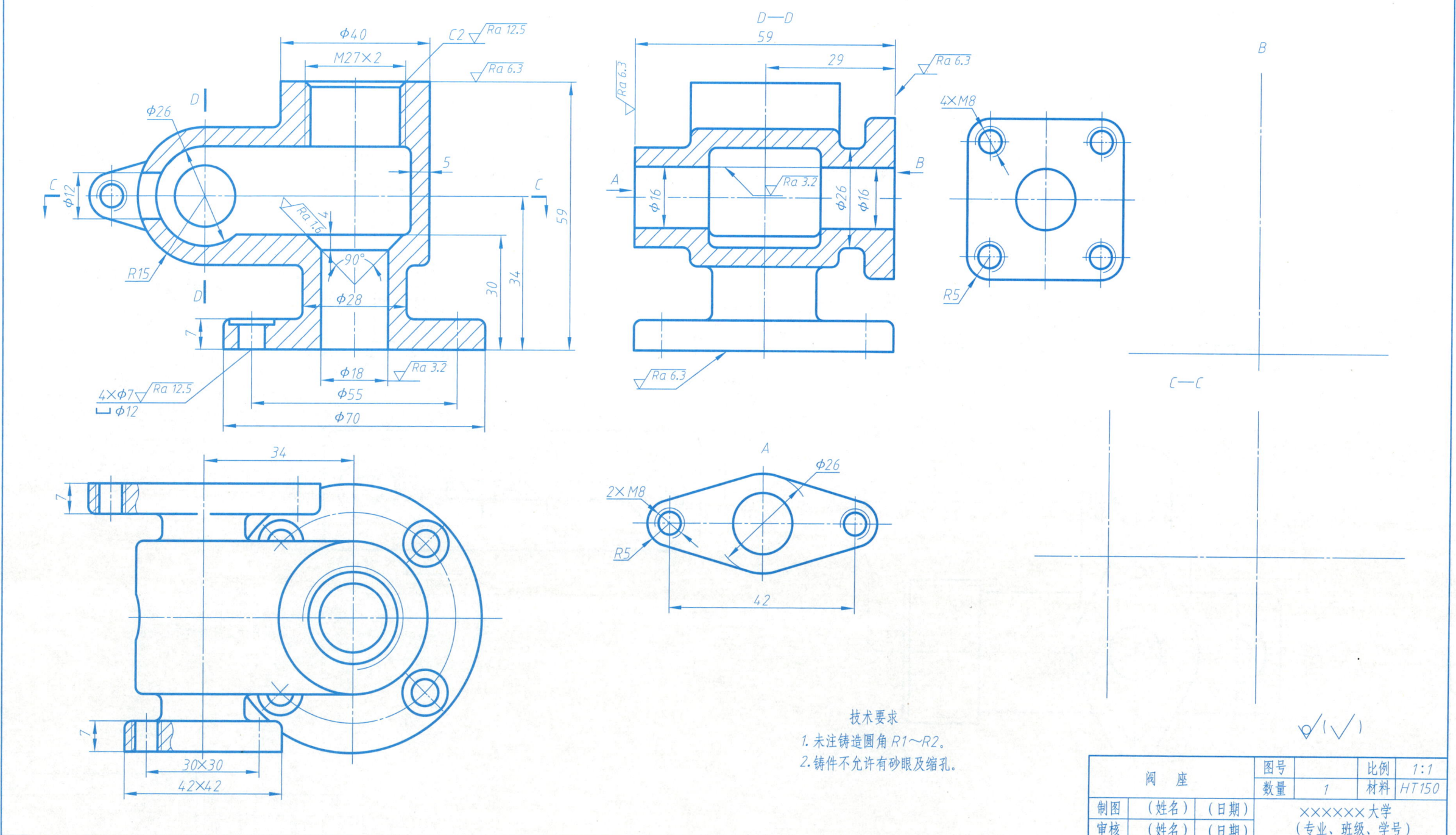

8.2 实践练习

注意事项：
1) 拓印时仔细描绘出外轮廓的线条，观察并绘制出图形表面的过渡部分，确保缺失的线条被补充完整。
2) 特别留意两个圆柱相交的部分，要准确表现出它们的弯曲趋势，确保零件的过渡线用细实线来表示。

8-10 读懂阀体的结构形状，分析零件尺寸，在合适大小的图纸上画出主视外形图和左视外形图。

技术要求
1. 未注铸造圆角 R1～R2。
2. 铸件不允许有砂眼及缩孔。

阀 体	图号		比例	1:1
	数量	1	材料	HT150
制图	（姓名）	（日期）	××××××大学
审核	（姓名）	（日期）	（专业、班级、学号）

第 9 章 装配图

9.1 内容导学

一、知识框架

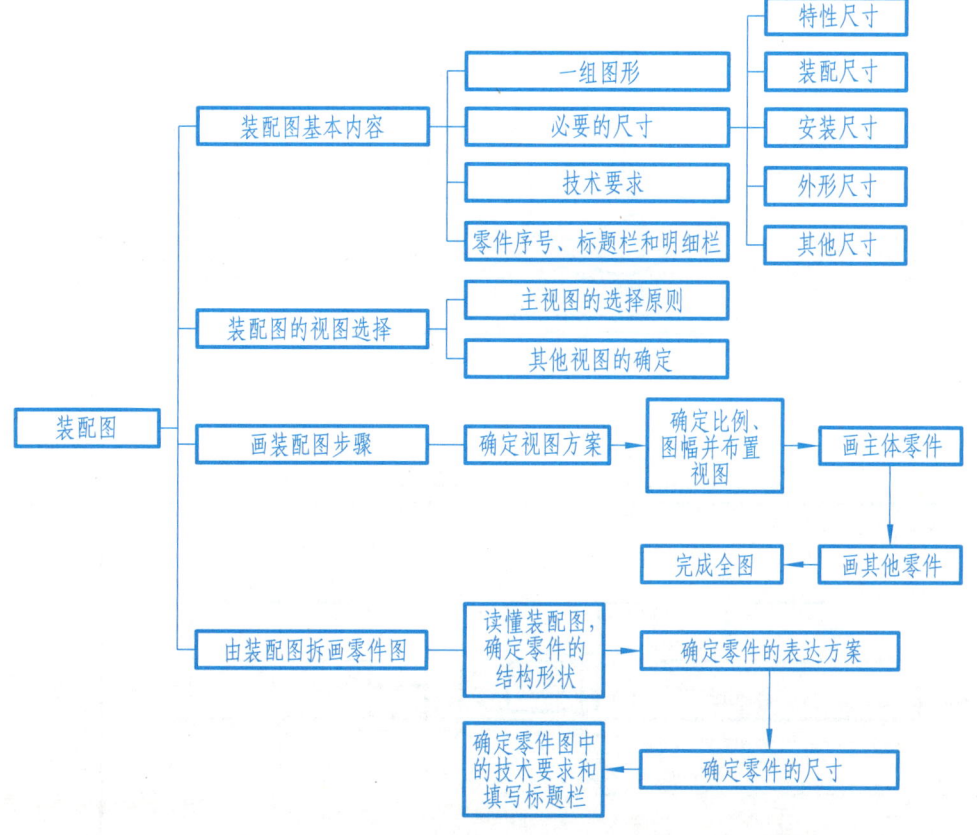

二、知识要点

1. 装配图基本内容
1) 一组图形。
2) 必要的尺寸：特性尺寸、装配尺寸、安装尺寸、外形尺寸、其他尺寸。
3) 技术要求。
4) 零件序号、标题栏和明细栏。

2. 装配图的视图选择
1) 主视图的选择原则：一般将部件或机器按工作位置放置来确定主视图。当工作位置倾斜时，则将其调正，使装配体的主要轴线或装配干线、主要安装面等呈水平或铅垂位置。选择最能反映部件或机器的工作原理、零件之间的装配关系的方向作为投射方向。

2) 其他视图的确定：补充表达主视图尚未表达清楚的工作原理、装配关系和主要零件的结构形状。尽可能地采用基本视图，并适当采用剖视图或拆卸画法等表达方法。合理地布置各视图位置，使图样清晰并有利于图幅的充分利用。

3. 画装配图步骤
1) 确定视图方案。
根据装配图的视图选择原则，尽量使所选视图重点突出、相互配合，可选出几个方案进行比较，从中确定最佳方案。
2) 确定比例、图幅并布置视图。
根据部件尺寸选取绘图比例和标准图幅，通过安装面、对称面或装配干线定位视图；合理布置视图位置并预留标注空间，需符合基本视图配置规范并保留零件序号、明细栏及技术要求的注写空间。
3) 画主体零件。
先画主要零件的轮廓，一般从主视图开始画起，然后按投影关系画其他视图。
4) 画其他零件。
按每条装配干线或装配顺序、定位和遮挡关系依次画出其他零件。
5) 完成全图。
完成装配图底稿，检查无误后画剖面线、加深视图，然后标注尺寸、编写零件序号、填写标题栏、明细栏及技术要求。

4. 由装配图拆画零件图
1) 读懂装配图，确定零件的结构形状。
将所拆画的零件从装配体中分离出来，对于装配图中的零件被遮住部分、被简化的结构及未表达的结构等，需要根据零件功用及结构知识补充完善。
2) 确定零件的表达方案。
零件在装配图主视图中的位置反映其工作位置，可以作为画零件图选择主视图的依据之一。装配图与零件图的表达目的不同，不能盲目照搬装配图中零件的视图表达方案，而应根据零件的结构特点，全面考虑其视图表达方案。
3) 确定零件的尺寸。
直接采用装配图标注的尺寸，或者根据明细栏及相关标准查得数值，必要时进行计算；其余尺寸按比例从装配图中量取并协调相关零件，无法量取则根据性能要求自行确定。
4) 确定零件图中的技术要求和填写标题栏。
零件的尺寸公差、几何公差、表面结构要求等技术要求要根据该零件在装配体中的功用、加工工艺以及该零件与其他零件的关系来确定。标题栏应填写完整，零件名称、材料、图号等要与装配图中明细栏所注内容一致。

9.2 实践练习

9-1 根据给定零件图,画平口钳装配图。

工作原理

平口钳是机床上用来夹紧工件进行加工的一种常用夹具。当转动丝杠时,丝杠带动方形螺母使活动钳身沿固定钳身做直线运动,从而开闭钳口,达到夹持工件的目的。

作业要求

(1) 读懂平口钳全套零件图,了解各零件的装配位置及作用。

(2) 在 A2 图纸上绘制平口钳装配图,横幅布图,绘图比例采用 1:1。

(3) 绘制平口钳装配图前,根据平口钳装配示意图了解平口钳的工作原理,确定主装配轴线及次装配轴线。

(4) 可参考固定钳身零件图的表达方案确定装配图的基本视图,再补充若干辅助视图。

(5) 图面布置要计算装配体的总长、总宽、总高,每个视图之间以及视图与图框之间应保留适当距离,从而确定主要轴线和轮廓线的位置,参考布图示意图。

(6) 画图顺序:固定钳身→垫圈→丝杠→活动钳身→方形螺母→其余零件。

(7) 活动钳身应绘制在其孔与方形螺母轴的装配轴线与固定钳身安装孔轴线在同一平面的位置上,便于左视图的半剖视图表达。

(8) 为了使丝杠能灵活转动,垫圈应与固定钳身之间留有约 1mm 的间隙。

(9) 注意采用夸大画法画出小间隙,如非标准垫圈上 φ26 孔与丝杠 φ25 轴径的间隙、固定螺钉上 φ35 外圆柱面与活动钳身上 φ36 孔的间隙。

(10) 所有标准件尺寸应按装配示意图给定的代号由相关标准查得。

(11) 零件序号应围绕主视图,按逆时针或顺时针顺序依次编写。填写明细栏时,按零件序号从小至大,自下而上填写。

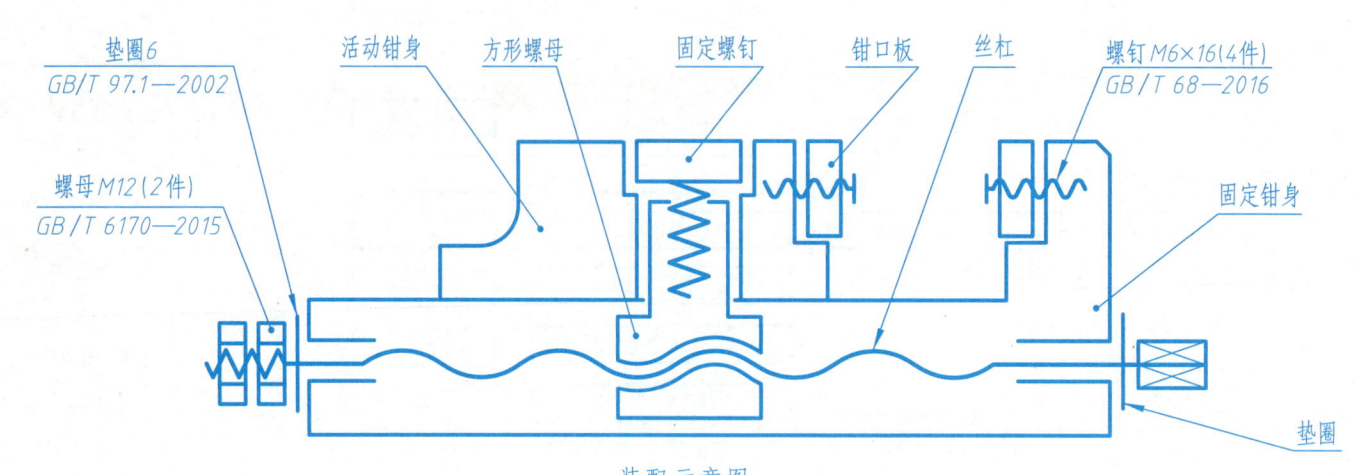

装配示意图

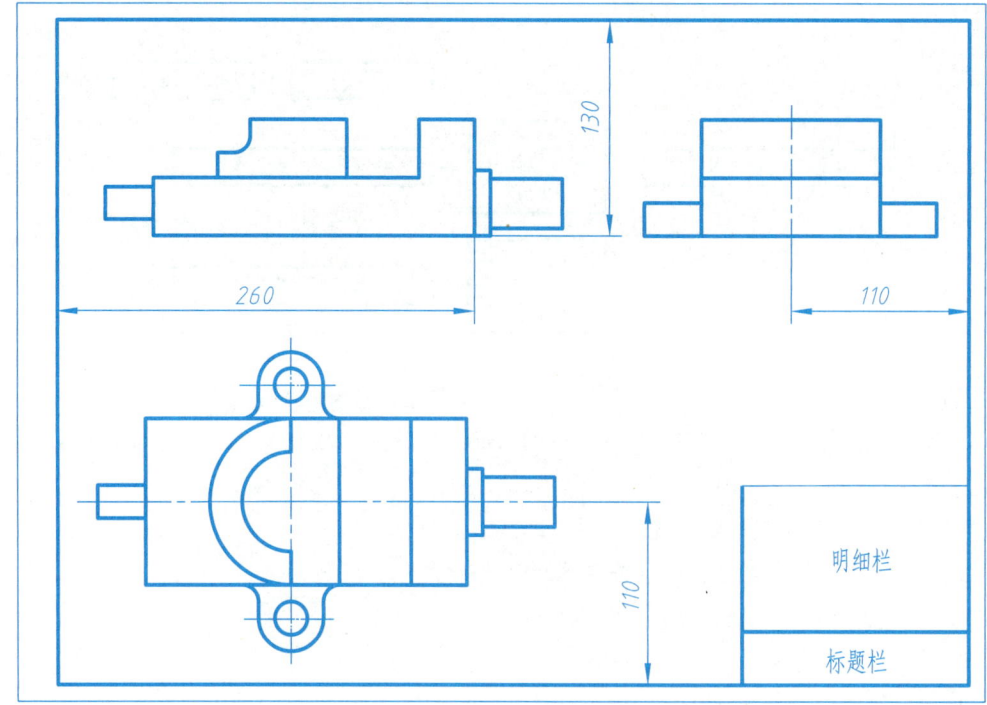

布图示意图

9.2 实践练习

9-1 根据给定零件图，画平口钳装配图。（续）

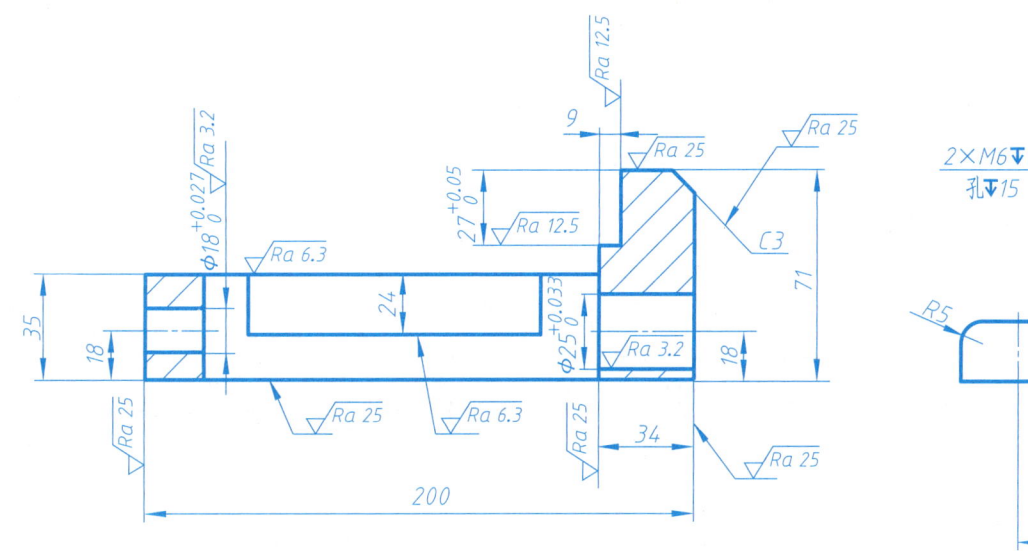
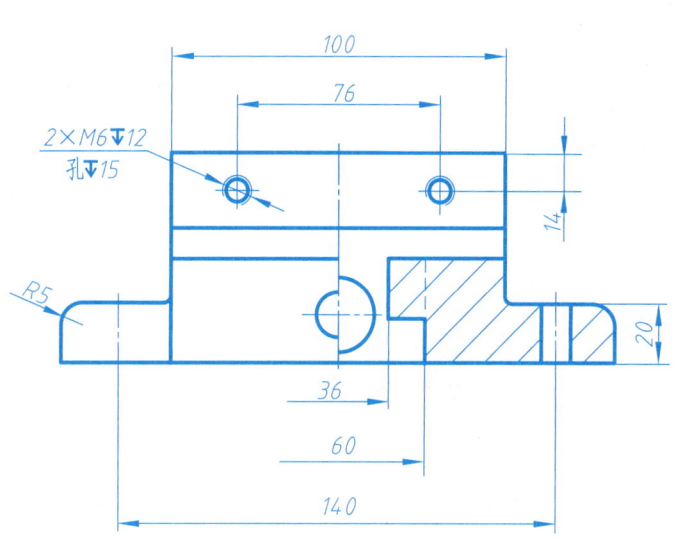
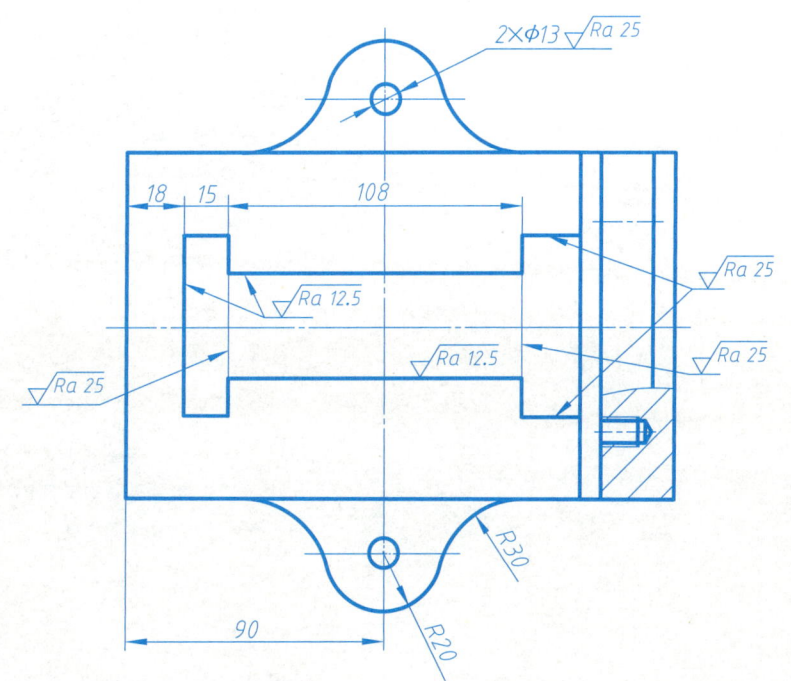

技术要求
未注铸造圆角R2。

	固定钳身	图号		比例	1:1
		数量	1	材料	HT150
制图	（姓名）（日期）	××××××大学			
审核	（姓名）（日期）	（专业、班级、学号）			

9.2 实践练习

9-1 根据给定零件图,画平口钳装配图。(续)

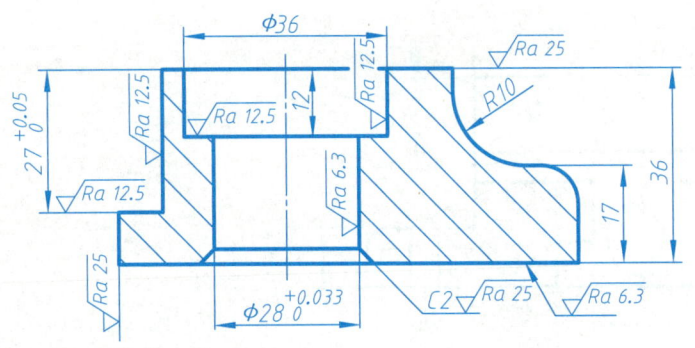

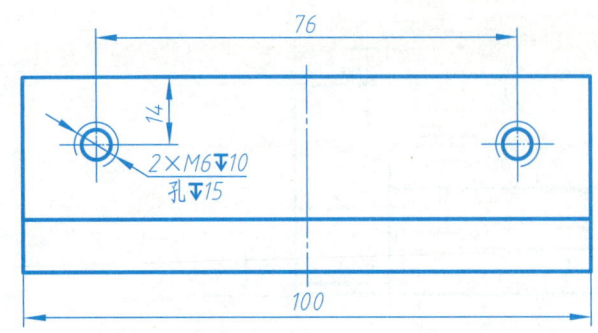

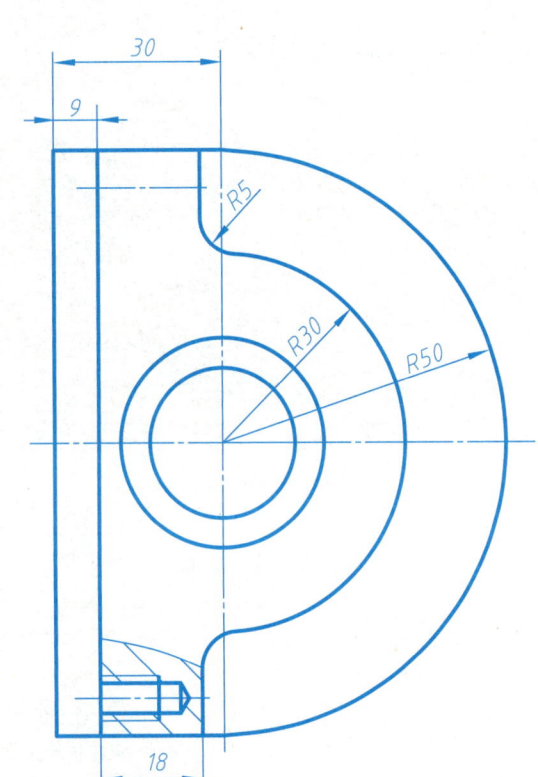

技术要求
1. 未注铸造圆角R2。
2. 去尖角毛刺。

活动钳身	图号		比例	1:1
	数量	1	材料	HT150
制图	(姓名)	(日期)	××××××大学	
审核	(姓名)	(日期)	(专业、班级、学号)	

9.2 实践练习

9-1 根据给定零件图，画平口钳装配图。（续）

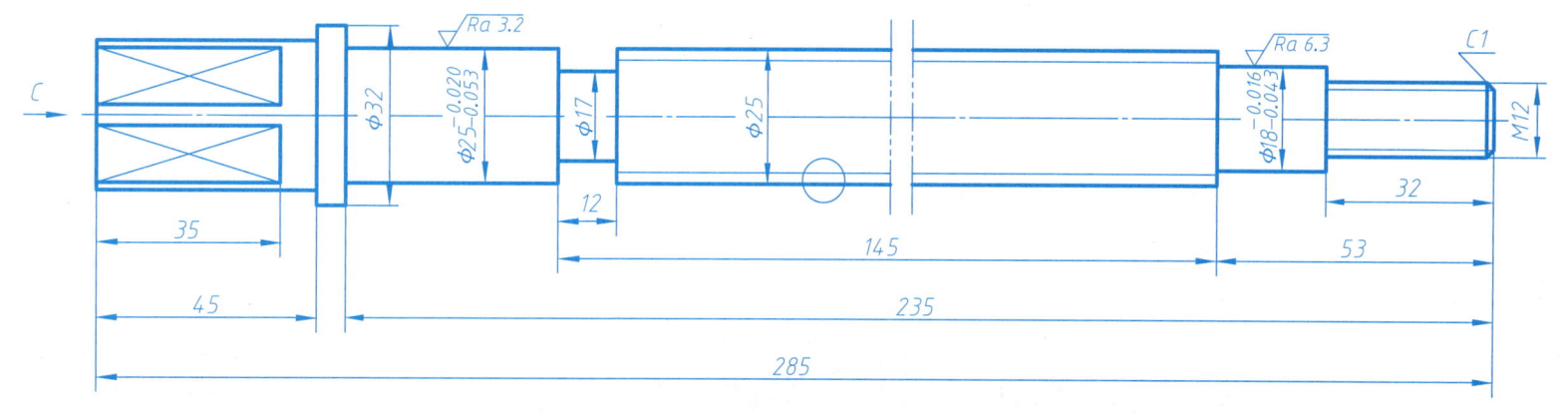

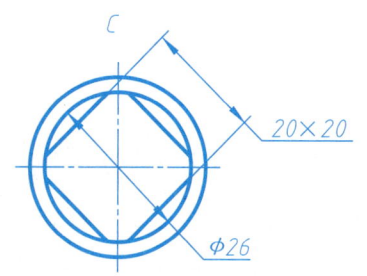

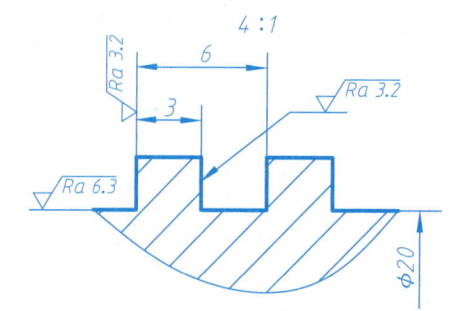

技术要求
1. 未注铸造圆角R2。
2. 去尖角毛刺。

丝杠	图号		比例	1:1
	数量	1	材料	45
制图	（姓名）	（日期）	××××××大学	
审核	（姓名）	（日期）	（专业、班级、学号）	

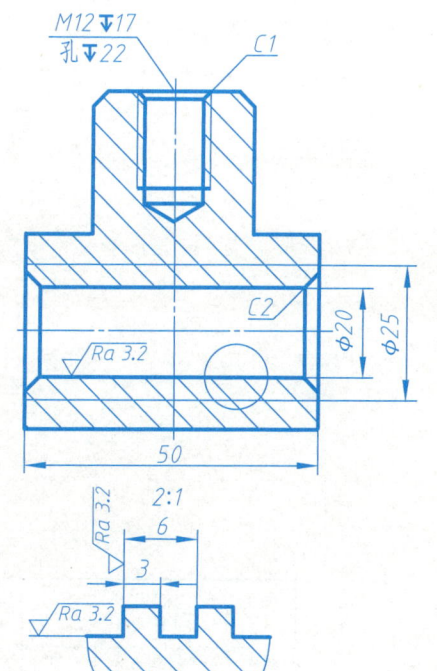

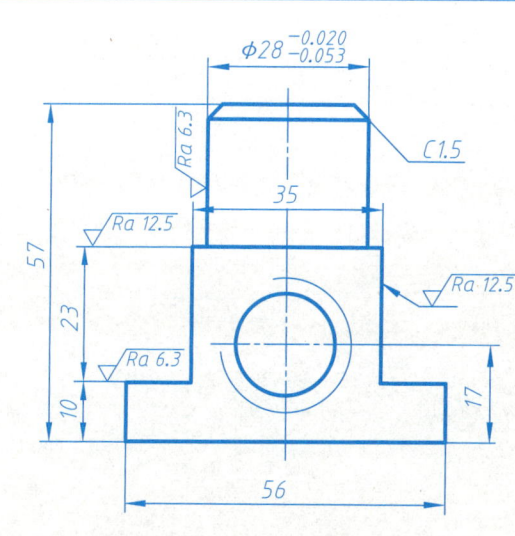

方形螺母	图号		比例	1:1
	数量	1	材料	35
制图	（姓名）	（日期）	××××××大学	
审核	（姓名）	（日期）	（专业、班级、学号）	

9.2 实践练习

9-1 根据给定零件图，画平口钳装配图。（续）

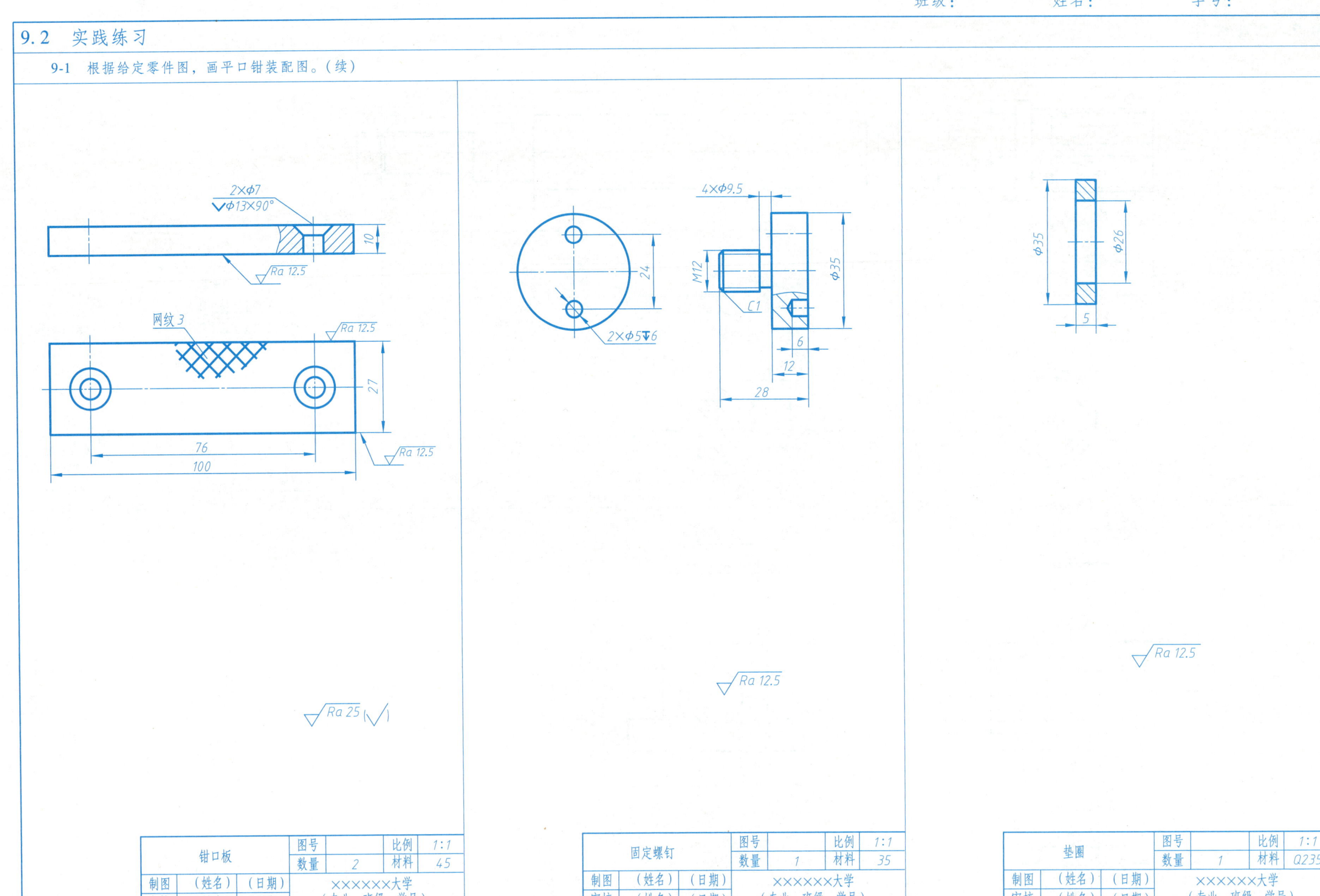

9.2 实践练习

9-2 读微动机构装配图，拆画出支座 8 或导杆 10 的零件图。

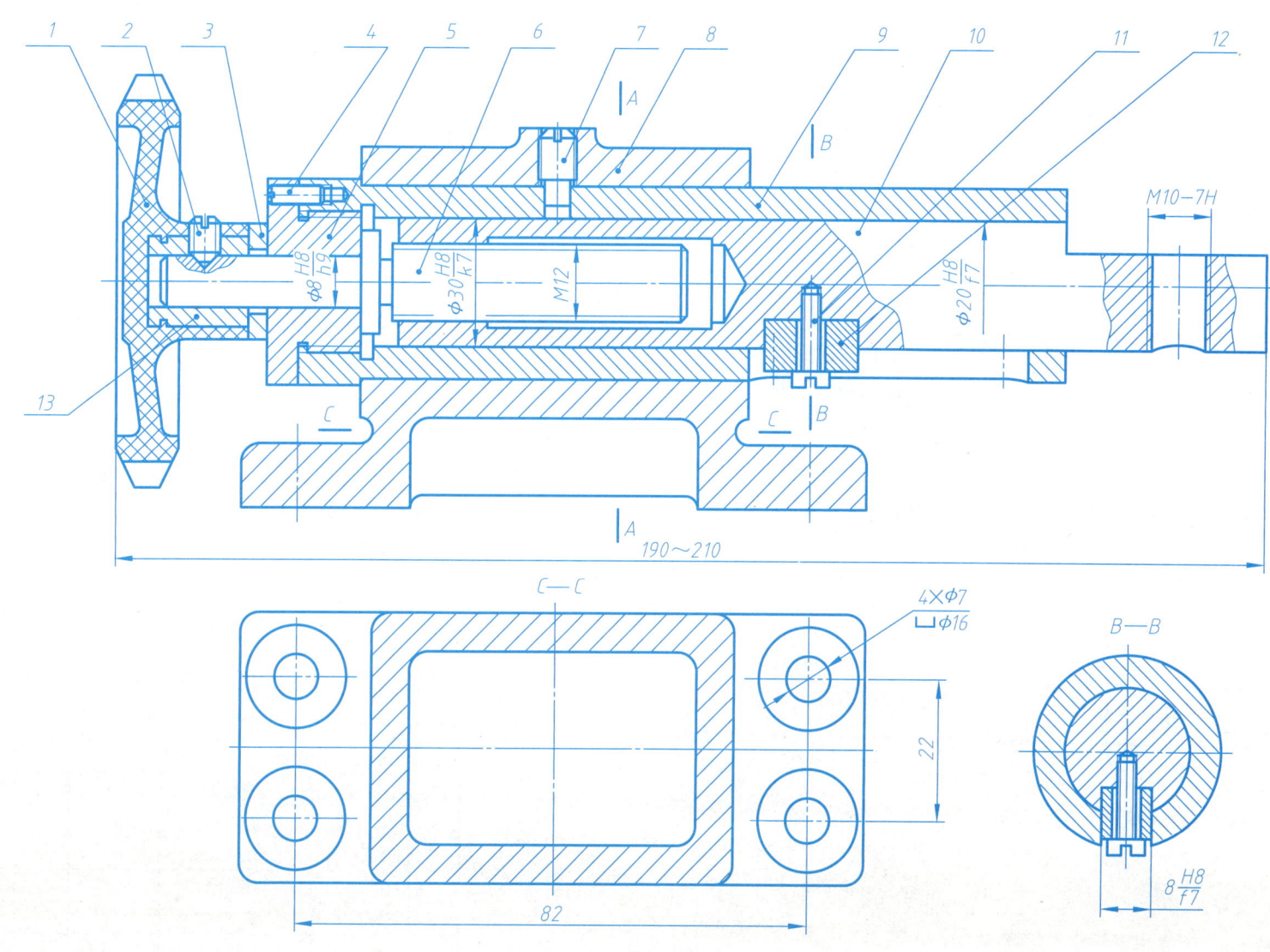

工作原理

微动机构为亚弧焊机的微调装置，系螺纹传动机构。导杆 10 的右端有一个 M10 螺纹孔，用于固定焊枪。当转动手轮 1 时，螺杆 6 做旋转运动，导杆 10 在导套 9 内做轴向移动进行微调。导杆 10 上装有平键 12，它在导套 9 的槽内起导向作用，由于导套 9 用紧定螺钉 7 固定，因此导杆 10 只做直线移动。轴套 5 对螺杆 6 起支承和轴向定位的作用，为了安装方便，它的大端应铣扁，调整好位置后，用紧定螺钉 4 固定，手轮 1 的轮毂部分嵌装一个铜套 13，热压成形后加工。

13		铜套	H68	1	
12	GB/T 1096	键 8×16	45	1	
11	GB/T 65	螺钉 M3×14	Q235	1	
10		导杆	45	1	
9		导套	45	1	
8		支座	ZAlSi12	1	
7	GB/T 75	螺钉 M6×12	Q235	1	
6		螺杆	45	1	
5		轴套	45	1	
4	GB/T 73	螺钉 M3×10	Q235	1	
3		垫圈	Q235	1	
2	GB/T 71	螺钉 M5×8	Q235	1	
1		手轮	酚醛塑料	1	
序号	代号	名称	材料	数量	备注

9.2 实践练习

9-3 读立式柱塞泵装配图，拆画出泵体1或柱塞6的零件图。

工作原理

柱塞泵是润滑管路系统中的供油装置，它依靠柱塞6的上下移动达到泵油的目的。柱塞6的下移是靠凸轮压下，上移是靠弹簧12顶上去。当没有凸轮的外力时，柱塞6在弹簧12作用下向上移动，使泵腔体积增大，压力变小形成负压，出油阀2关闭，油液在大气压力作用下顶开进油阀11进入泵腔。当凸轮下压滚动轴承8时，柱塞6下移，泵腔容积变小，油液压力增大，进油阀11关闭，高压油顶开出油阀2而排出。如此往复循环供油。

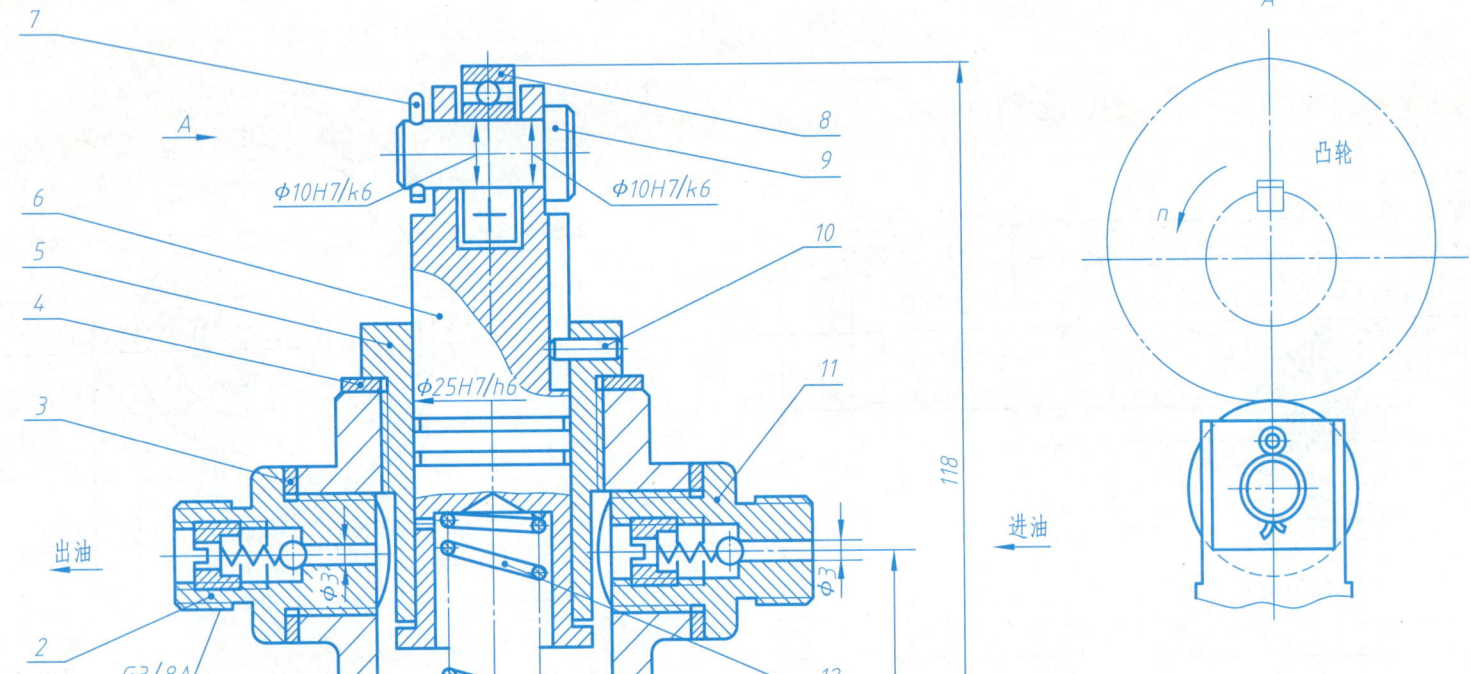

12	GB/T 2089	弹簧YA 2×16×42	65Mn	1	
11		进油阀	组合件	1	外购
10	GB/T 191.1	销3×10	35	1	
9	GB/T 882	销10×24	45	1	
8	GB/T 276	滚动轴承6010	组合件	1	
7	GB/T 91	销2×14	Q235	1	
6		柱塞	45	1	
5		导向轴套	35	1	
4		泵垫片	纯铜	1	
3		阀垫片	纯铜	2	
2		出油阀	组合件	1	外购
1		泵体	HT150	1	
序号	代号	名称	材料	数量	备注

立式柱塞泵　图号　比例 1:1

9.2 实践练习

9-4 读柱塞泵装配图，拆画出泵体 1 或管接头 13 的零件图。

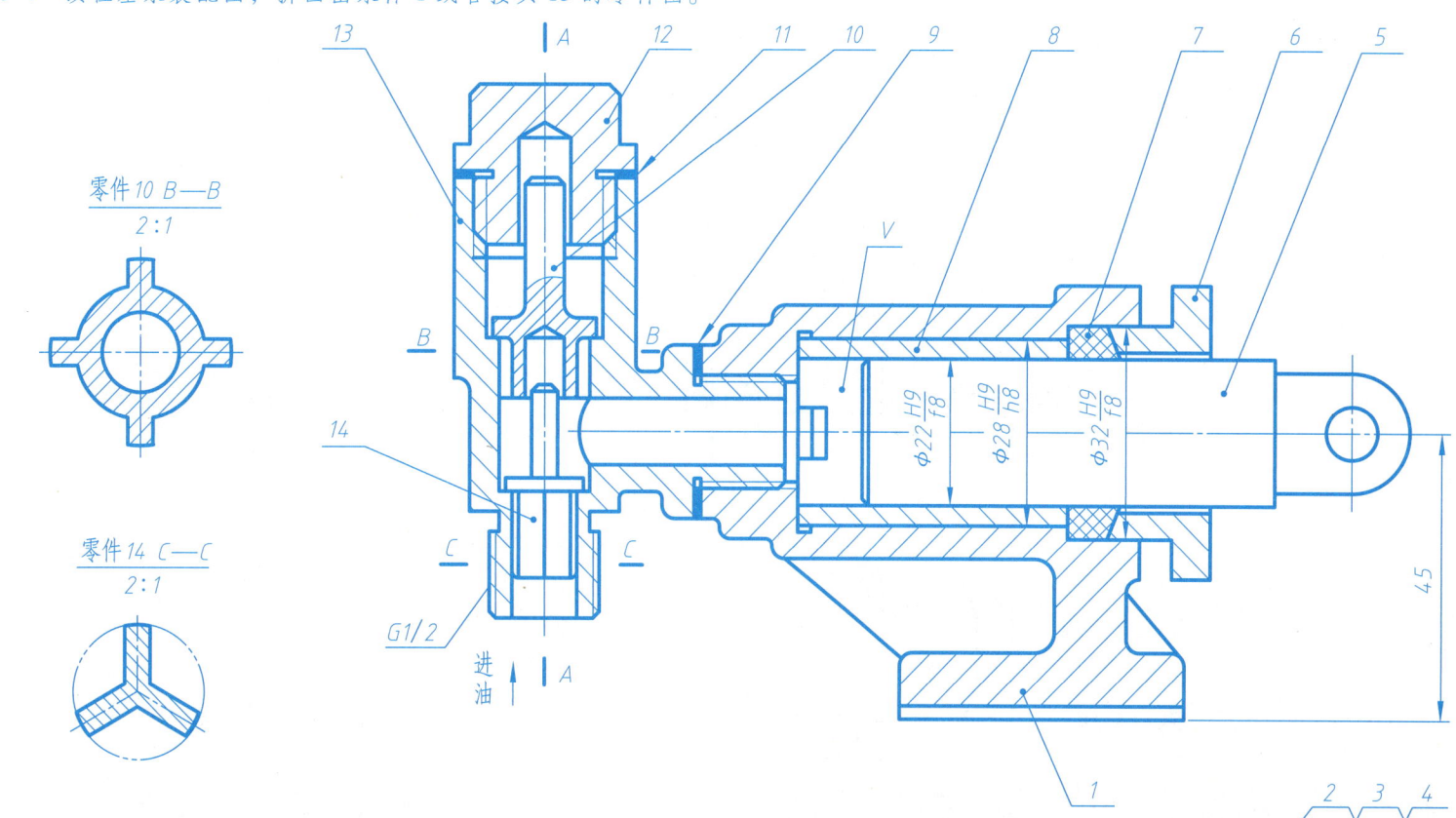
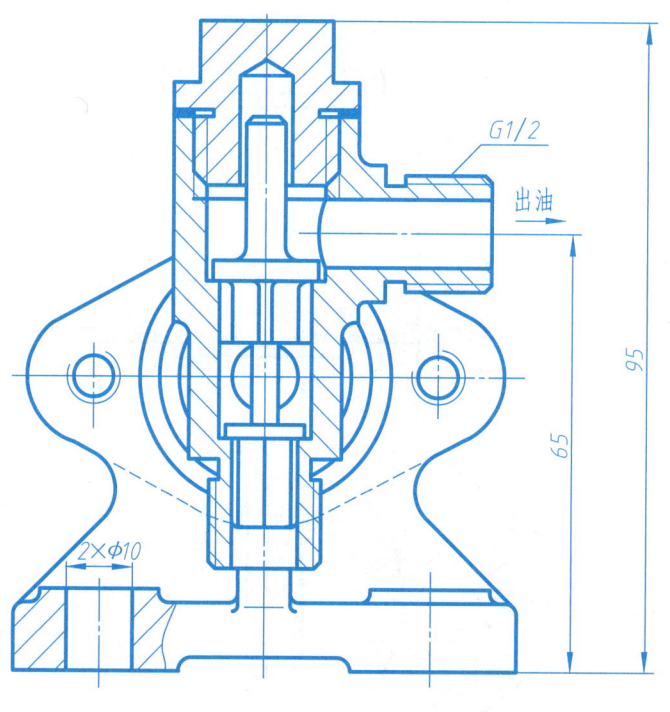
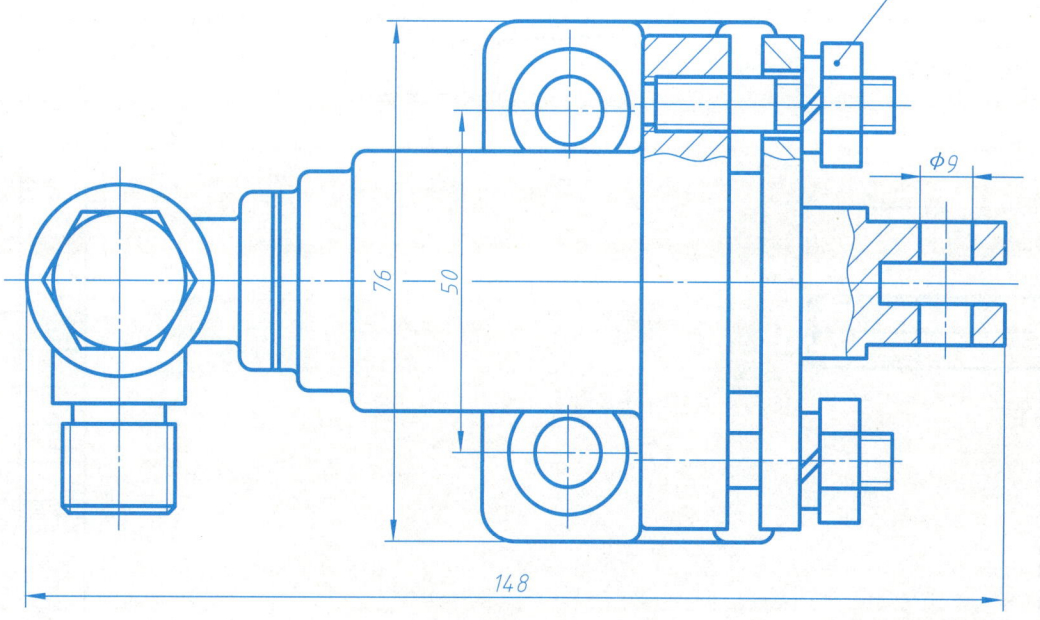

工作原理

当柱塞 5 右移时，腔体 V 容积增大形成低压区，下阀瓣 14 抬起进油，反之高压油顶起上阀瓣 10，从出油孔流出。柱塞的往复运动，使高压油不断从柱塞泵输出。

思考题

(1) 柱塞 5 右移时，上阀瓣 10 处于什么位置？
(2) 上阀瓣 10 和下阀瓣 14 的形状为什么不同？
(3) 想出填料压盖 6 的结构形状。
(4) 该柱塞泵采用了什么密封结构？
(5) 主视图上柱塞 5 左端的小矩形是哪个零件的结构？其作用是什么？

14		下阀瓣	ZCuZn38Mn2Pb2	1	
13		管接头	ZCuZn38Mn2Pb2	1	
12		螺塞	ZCuZn38Mn2Pb2		
11		管接头垫片	45	1	
10		上阀瓣	ZCuZn38Mn2Pb2		
9		泵体垫片	45	1	
8		衬套	ZCuZn38Mn2Pb2	1	
7		填料	工业用纸	1	
6		填料压盖	ZCuZn38Mn2Pb2	1	
5		柱塞	45	1	
4	GB/T 898	螺柱 M8×35	Q235	1	
3	GB/T 93	垫圈 8	Q235	2	
2	GB/T 6170	螺母 M8	Q235	2	
1		泵体	HT200	1	
序号	代号	名称	材料	数量	备注

柱塞泵	图号		比例	1:1
	数量		共 张 第 张	
制图	(姓名)	(日期)	××××××大学 (专业、班级、学号)	
审核	(姓名)	(日期)		

9.2 实践练习

9-5 读蝴蝶阀装配图，拆画出阀体1和阀盖6的零件图。

工作原理

蝴蝶阀是管道上截断气流或液流的闸门装置。它是由齿轮齿条机构来实现截流的。当外力推动齿杆13左右移动时，与齿杆13啮合的齿轮8就带动阀杆3转动，使阀门2开启或关闭。

思考题

(1) 装配图表示的蝴蝶阀是开启还是关闭状态？
(2) 如何拆卸齿杆？
(3) 想出阀门的结构形状。

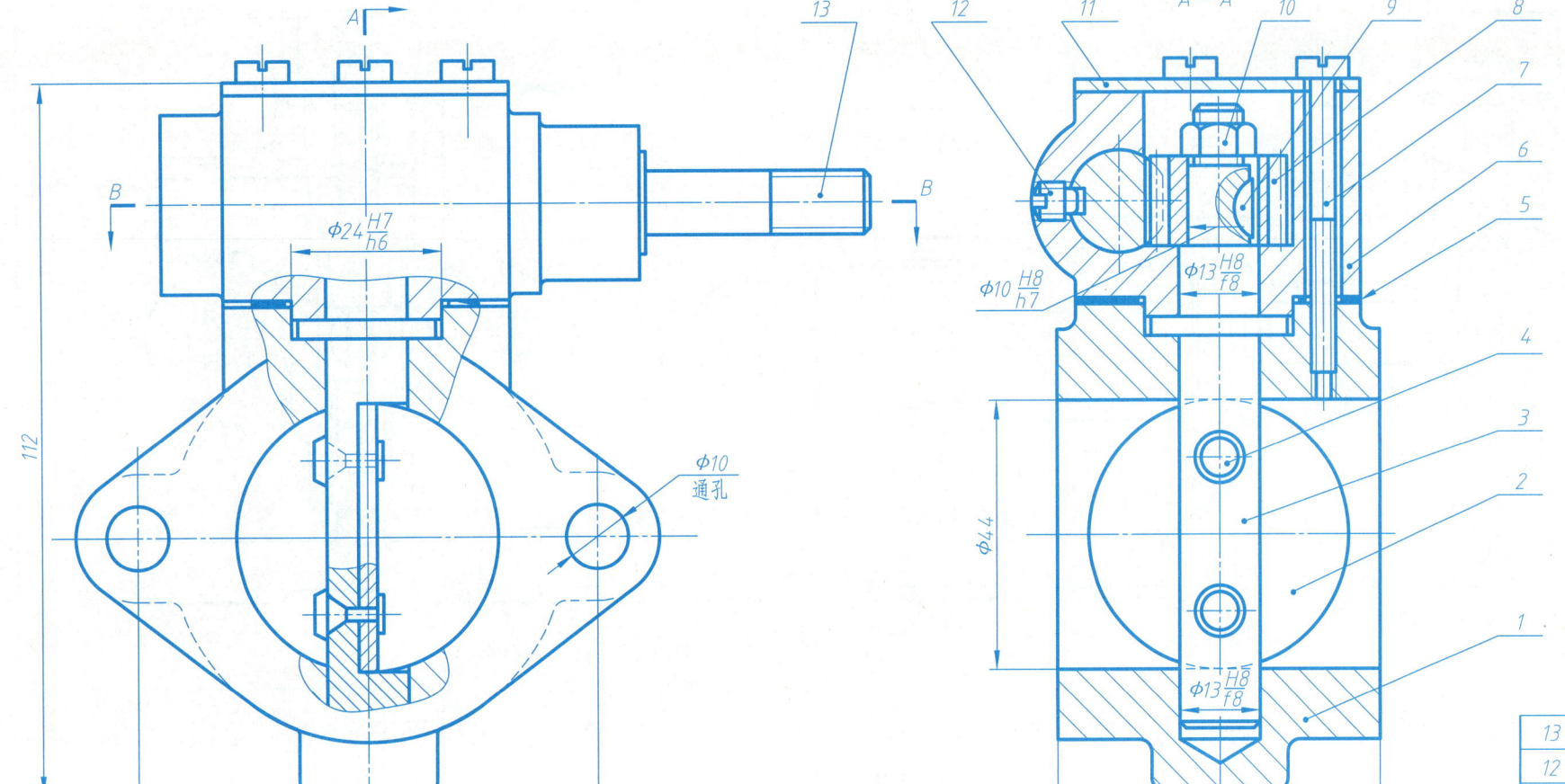

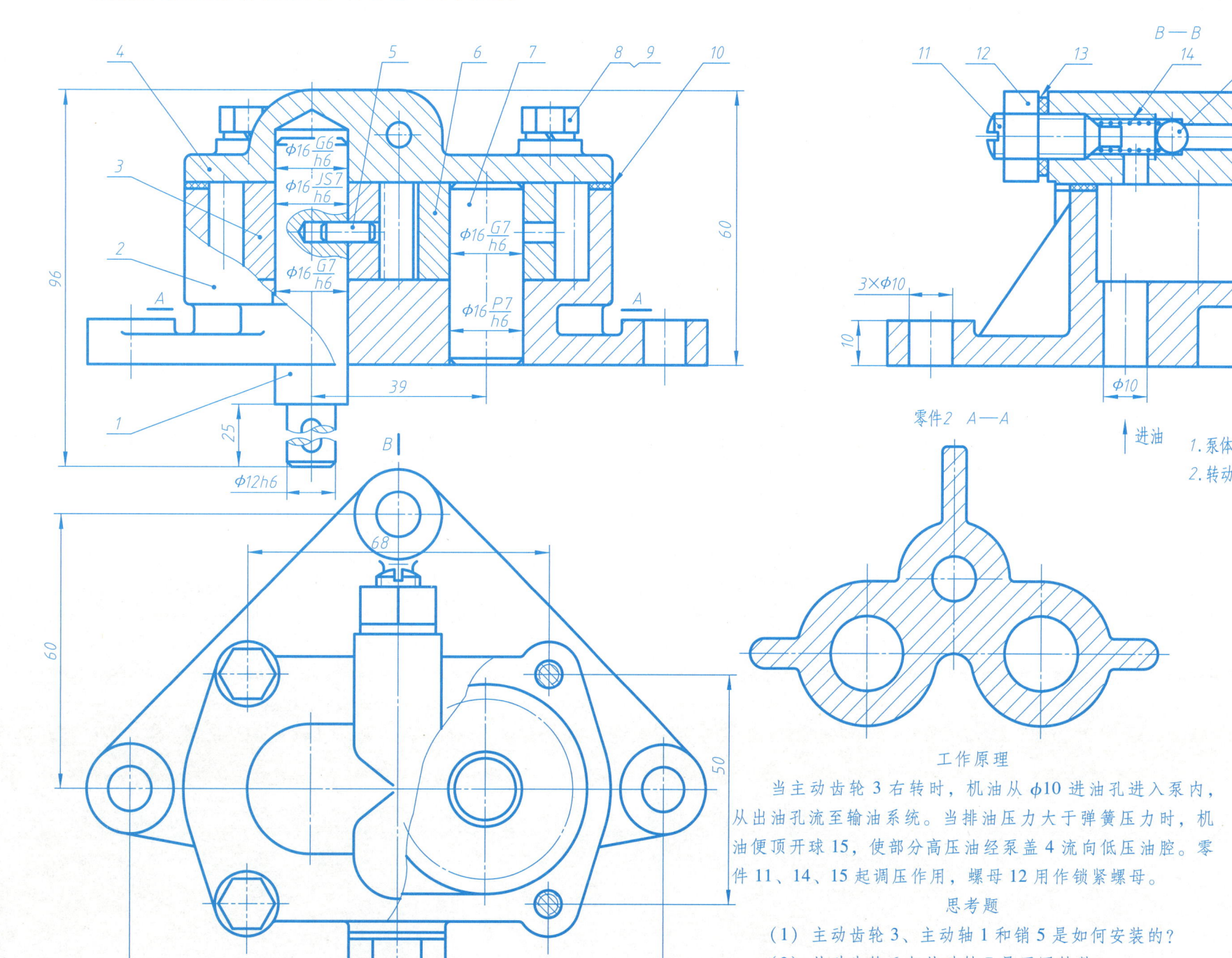

参考文献

[1] 王兰美,贾鹏. 画法几何及工程制图习题集:机械类[M]. 4版. 北京:机械工业出版社,2023.

[2] 吕秋娟,王鑫峰. 工程图学导学与实践[M]. 北京:机械工业出版社,2024.

[3] 钱可强,姜尤德. 机械制图习题集:多学时[M]. 3版. 北京:机械工业出版社,2023.

[4] 刘军,陈静. 机械制图习题集[M]. 北京:机械工业出版社,2023.

[5] 王静. 现代机械工程图学习题集[M]. 2版. 北京:机械工业出版社,2024.

[6] 王雪飞,郭莉,王丹虹. 现代工程制图习题集[M]. 3版. 北京:高等教育出版社,2022.

[7] 胡建生. 机械制图习题集[M]. 2版. 北京:机械工业出版社,2023.

[8] 梁晓娟,邹凤楼. 机械制图习题集[M]. 北京:机械工业出版社,2020.

[9] 黄玲,张秀妹. 机械制图习题集[M]. 北京:机械工业出版社,2018.

[10] 葛敬侠,刘顺芳,石建玲. 机械制图习题集[M]. 北京:机械工业出版社,2018.